高 | 等 | 学 | 校 | 计 | 算 | 机 | 专 | 业 | 系 | 列 | 教 | 材

函数式程序设计

邓玉欣 编著

U0103641

清华大学出版社

北京

内 容 简 介

本书是一本介绍函数式程序设计理论的入门读物。在内容选取上，先以 λ-演算作为背景知识，然后介绍 Coq 和 OCaml 的基本用法及其主要语言特征。本书的重点是介绍函数式程序设计的基本思想和方法，让读者了解、欣赏，进而喜欢函数式程序设计。

本书共分 4 章：第 1 章介绍不带类型的 λ-演算、简单类型的 λ-演算和 F 系统，主要讨论语法和 β-归约语义；第 2 章介绍 Coq，重点从函数式程序设计的角度展开讨论，内容涉及列表、多态列表、依赖类型、高阶函数、柯里-霍华德关联及余归纳类型等；第 3 章介绍 OCaml 这门通用程序设计语言，除了基本的程序设计概念，还讨论函子和单子这样比较高级的语言特征；第 4 章提供了部分习题的参考答案，方便感兴趣的读者自行学习。

本书循序渐进，从基础原理到高级的语言特征，具有通俗、系统、宽广的特点，适合作为普通高等院校计算机科学和软件工程专业的本科生教学参考书，同时也可作为软件理论方向研究人员的入门读物。

本书封面贴有清华大学出版社防伪标签，无标签者不得销售。

版权所有，侵权必究。举报：**010-62782989，beiqinquan@tup.tsinghua.edu.cn**。

图书在版编目(CIP)数据

函数式程序设计 / 邓玉欣编著. —北京：清华大学出版社，2023.6
高等学校计算机专业系列教材
ISBN 978-7-302-62690-9

Ⅰ.①函⋯ Ⅱ.①邓⋯ Ⅲ.①函数－程序设计－高等学校－教材 Ⅳ.①TP311.1

中国国家版本馆 CIP 数据核字(2023)第 023830 号

责任编辑：龙启铭 常建丽
封面设计：何凤霞
责任校对：申晓焕
责任印制：宋 林

出版发行：清华大学出版社
    网 址：http://www.tup.com.cn, http://www.wqbook.com
    地 址：北京清华大学学研大厦 A 座   邮 编：100084
    社 总 机：010-83470000   邮 购：010-62786544
    投稿与读者服务：010-62776969, c-service@tup.tsinghua.edu.cn
    质量反馈：010-62772015, zhiliang@tup.tsinghua.edu.cn
    课件下载：http://www.tup.com.cn, 010-83470236
印 装 者：三河市人民印务有限公司
经 销：全国新华书店
开 本：185mm×260mm 印 张：7.75 字 数：179 千字
版 次：2023 年 7 月第 1 版 印 次：2023 年 7 月第 1 次印刷
定 价：39.00 元

产品编号：094258-01

自　序

提到计算机编程语言，很多人只听说过流行的语言，如 C、C++、Java、Python 等。事实上，计算机科学家还创造了一类函数式编程语言，如 Lisp、Scheme、Clojure、Erlang、OCaml、Haskell、F# 等。目前函数式编程语言的用户数较少，而且大部分用于学术研究而非商业，因此普及程度远远不能与流行语言相比。但是，的确有一些大型商业项目的开发基于函数式编程语言。例如，Jane Street 是一家从事金融量化交易的跨国公司，拥有 400 多名 OCaml 程序员和超过 1500 万行 OCaml 代码，以支撑每天数十亿美元的交易。另外，近年来形式化验证方法逐渐受到关注，函数式语言广泛用于开发编译器、程序分析器、验证器及定理证明器，以帮助提高软硬件系统的可信程度。

在这样的背景下，作者认为有必要在国内开展函数式程序设计相关的教学工作。深入讲解函数式编程需要比较多的学时，而目前不少大学在主推通识教育，希望压缩专业课程的学时数，因此，一种可能的办法是开设一门本科选修课程，或者是在一门编程语言课程中预留学分给函数式编程教学模块。本书的编写目的是服务于这类函数式程序设计入门课，重点让学生有机会了解函数式程序设计的基本思想和概念，让学生了解、欣赏，进而喜欢函数式编程。至于函数式语言背后极其丰富的语义理论，更适合设置在软件理论专业的研究生课程中，因此不在本书予以讨论。

本书主要介绍 λ-演算、Coq 和 OCaml，通过这些内容的掌握，相信读者可以触类旁通，轻松学习其他函数式编程语言。关于这三部分内容，如果读者希望了解更多，有专门的书籍进行深入讲解，例如，λ-演算的经典教材是 Barendregt 的 [2]，Coq 的著名教材是 Pierce 等的 [13]，OCaml 的优秀参考书是 Minsky 等的 [10] 和陈钢老师的 [5]。本书精心挑选了一些练习题，希望读者通过做练习加强对基本概念的理解。

希望本书的出版能够为国内计算机程序设计和形式化验证方向的专业人才培养贡献微薄之力。

邓玉欣

2023 年 3 月　上海

前　　言

　　函数式程序设计是计算机科学中非常重要、历史比较长久的一个研究方向，但本人在教学过程中发现国内还没有一本系统介绍这个方向而且适合初学者的读物。为此，通过总结国内外相关文献和过去五年的教学实践，本人尝试编写了这本教材——《函数式程序设计》。

　　在内容选取上，本书只涉及 λ-演算、Coq 和 OCaml。毫无疑问，λ-演算是理解函数式编程语言的基础和出发点，因此我们介绍相关的语法和归约语义。虽然 λ-演算适合理解函数式编程的一些核心思想，比如数据即函数，但是它的语法构造比较原始，即使表示一个数字，都要写很长的 λ-项，可读性低，更不用提编写程序。Coq 是离 λ-演算比较接近但又能用于编写一些可读性较好的计算函数的编程语言，因此值得重点介绍。Coq 是用于讲授归纳定义和归纳证明思想的出色工具，不过它的长处在于定理证明，若要深入讲解，需要很大篇幅，因此最好留给专门的书籍，而在入门课程中只讲解基本的证明方法。为满足适合逻辑证明的需要，Coq 只接受可终止的函数。这么强的要求，决定它不可能用于日常编程。因此，最后我们介绍一门通用的编程语言 OCaml，除了基本的程序设计概念，我们还会讨论一些比较高级的特征。

　　本书共分 4 章。

　　第 1 章　λ-演算。先概述 λ-演算的起源，然后介绍不带类型的 λ-演算、简单类型的 λ-演算和 F 系统。

　　第 2 章　Coq。从函数式编程的角度介绍归约规则、列表、多态列表、依赖类型、高阶函数、柯里-霍华德关联及余归纳类型等。

　　第 3 章　OCaml。介绍基本的程序设计概念，例如数据类型与函数、控制结构、异常、模块，以及函子和单子这样比较高级的语言特征。

　　第 4 章　部分习题参考答案。为前三章部分有难度的习题提供参考答案，方便感兴趣的读者自行学习。

　　本书由浅入深，从基础原理到高级的语言特征逐步介绍，具有通俗、系统、宽广的特点，适合作为普通高等院校计算机科学和软件工程专业的本科生教学参考书，同时也可作为软件理论方向研究人员的入门读物。

　　感谢傅育熙老师、陈钢老师和曹钦翔老师对本书部分内容提出的宝贵意见。感谢清华大学出版社龙启铭和常建丽两位编辑在出版过程中给予的热情帮助。本书由华东师范大学精品教材建设专项基金资助。

　　由于作者水平有限，书中的疏漏和不足之处在所难免，恳请广大读者及时指正！

邓玉欣

2023 年 5 月　上海

目 录

第 1 章   λ-演算

1.1   λ-演算的起源

20 世纪 30 年代，可计算性（computability）问题得到一些数学家和逻辑学家的关注。通俗而言，一个自然数集合上的函数 $f : \mathbb{N} \to \mathbb{N}$ 称为可计算的，是指对任何一个给定的自然数 n，可以给一位受过良好数学训练的人足够用的纸和笔，不管花费多长时间，最终他总能用一组基本的计算操作构造出函数 f 在 n 上的值 $f(n)$。当然，这只是对可计算函数的直觉描述，不是一个数学定义。为了严格地刻画可计算函数，前面这个非形式化（informal）的定义显然不方便，因此有必要对可计算性给出形式化（formal）的定义。当时有多位学者在这方面进行了尝试，其中最有名的三位是英国数学家、计算机科学家阿兰·图灵（Alan Turing），奥地利逻辑学家、数学家库特·哥德尔（Kurt Gödel）和美国数学家、逻辑学家阿隆佐·邱奇（Alonzo Church，见图 1.1 [1]）。

Alan Turing   Kurt Gödel   Alonzo Church
(1912—1954)   (1906—1978)   (1903—1995)

图 1.1   研究可计算性问题的三位先驱

- 图灵提出一种抽象的理想化的计算模型，现在通称之图灵机（Turing machine）。他假定一个函数 f 在直觉意义上是可计算的，当且仅当有一个图灵机可计算出该函数在任何给定自然数 n 上的值 $f(n)$。
- 哥德尔定义了一类一般递归函数（general recursive function），由常函数、后继函数等基本函数在函数复合和递归等算子组合下形成。他假定一个函数在直觉意义上是可计算的，当且仅当它是一般递归的。
- 邱奇[2]定义了一个称为λ-演算（λ-calculus）的形式化语言并假定一个函数在直觉意义上是可计算的，当且仅当它可用一个 λ-表达式写出来。

---

① 本书中出现的人物图片均来自 **https://www.wikipedia.org** 或其工作单位的网站。

② 邱奇是图灵的博士论文导师。此外，邱奇还有许多其他优秀的学生，例如 1976 年图灵奖获得者迈克尔·拉宾（Michael O. Rabin）和达纳·斯科特（Dana Scott）均出自他的门下。

后来，邱奇等证明了上面三个模型是互相等价的，即它们定义的是同一类（class）可计算函数。至于它们是否等价于直觉意义上的可计算函数类，则是一个没法回答的问题，因为我们没有一个描述直觉意义上的可计算函数类。著名的<u>邱奇-图灵论题</u>（Church-Turing thesis）断言上面三个模型表达的恰好正是直觉意义上的可计算函数类。

本章主要关注 λ-演算，因为函数式编程语言最初是从它发展而来的。早在 20 世纪 50 年代，美国计算机科学家约翰·麦卡锡（John McCarthy，见图 1.2）为 IBM 700/7000 系列机器创造了第一个函数式编程语言 Lisp。现在很多人知道麦卡锡是人工智能领域的奠基人之一并获得 1971 年图灵奖，殊不知他对函数式编程也有重要贡献。现在我们经常用<u>不带类型的 λ-演算</u>（untyped λ-calculus）指代邱奇当初提出的那个形式化语言。后来又出现这个语言的各种更精细的版本，例如<u>带类型的 λ-演算</u>（typed λ-calculus）。1.2节和 1.3节将分别介绍不带类型的 λ-演算和简单类型的 λ-演算；更深入、全面的讨论可以参考文献 [2,3]。

John McCarthy
(1927—2011)

图 1.2 Lisp 的发明人

1.2 不带类型的 λ-演算

在介绍一种语言时，通常会给出它的语法和语义。初学者可能不熟悉这两个术语之间的区别，因此有必要简单解释一下。通俗而言，语法是某一文本的外在呈现形式，语义是被传达的意思。例如，图 1.3 中展示的两个图案，图 1.3(a) 用树叶拼成，图 1.3(b) 是在液晶手写板上写的。虽然语法呈现形式不同（树叶拼的图案或是手写的繁体字），但表达相同的语义（"中国" 这两个汉字）。

(a) 语法

(b) 语义

图 1.3 语法与语义的直观解释

不带类型的 λ-演算是一种形式化语言，它的语法和语义可以形式化地给出。语法用于规定这个语言中允许出现的表达式，称为<u>λ-项</u>（λ-term），是如何被构造出来的，而语义则规定 λ-项演化的方式，用于描述我们直觉上的计算过程。

1.2.1 语法

不带类型的 λ-演算中的表达式可以通过极其简单的规则构造出来。

定义 1.1 假设给定一个可数无穷的变量集合 $\mathcal{V}$，其中的元素用 x，y，z 等表示。我们用如下的巴克斯-诺尔范式（Backus-Naur Form，BNF）生成 λ-项：

$$M,\ N\ ::=\ x\mid(MN)\mid(\lambda x.M)$$

在上述的巴克斯-诺尔范式中，被定义的对象出现在符号 ::= 左边，即用大写字母 M、N 等代表 λ-项；在 ::= 右边列出其允许的形式，两条竖线隔开三种情况，说明用三条规则生成 λ-项。换句话说，所有 λ-项的集合记为 Λ，是由下面三条规则生成的最小集合。

（1）如果 $x\in\mathcal{V}$，那么 $x\in\Lambda$；

（2）如果 $M,N\in\Lambda$，那么 $(MN)\in\Lambda$；

（3）如果 $x\in\mathcal{V}$ 且 $M\in\Lambda$，那么 $(\lambda x.M)\in\Lambda$。

这些规则会产生三种形式的 λ-项，依次把它们称为<u>变量</u>（variable）、<u>作用</u>（application），以及<u>λ-抽象</u>（lambda abstraction）。例如，下面三个例子展示的就是这三种类型的 λ-项：

$$y\qquad\qquad(\lambda x.(xx))(\lambda y.(yy))\qquad\qquad(\lambda f.(\lambda x.x))$$

注意 为方便读者记住上面的语法规则，不妨把每个 λ-项看成一个函数，其功能是把输入值变换成输出值。变量 x 是一个基本的 λ-项，相当于一个常函数，不管输入是什么，总是输出当前 x 的值；项 (MN) 表示把函数 M 作用到它的参数 N 上；项 $(\lambda x.M)$ 表示构造一个新函数，对于输入 x，输出函数体 M 表示的值。需要注意的是，这种直观理解实际上是不准确的，比如在项 (xx) 中，一个函数 x 的参数是其自身，与常规直觉不符，但对初学者而言，这种直觉很大程度上有利于理解抽象的数学符号。

需要注意的是，在定义 1.1 中强制性地加入括号以便把一个项和它的子项严格区分开。所谓一个项 M 的<u>子项</u>（subterm），是指构成 M 的字符串的一个子串，它根据定义 1.1 也组成一个合法的项。例如，对于 $(\lambda f.(\lambda x.x))y$ 这个项，它有 x、$(\lambda x.x)$、y 等子项。

为了少写一些括号但又不引起歧义，我们采用下面的<u>约定</u>（convention）：

- 忽略最外层的括号，例如将 $(\lambda x.M)$ 写成 $\lambda x.M$；
- λ-项的作用满足左结合性，即 $MNOP$ 等同于 $((MN)O)P$；
- λ-抽象的主体部分，即点号右边的部分，包含右边尽可能多的项，例如 $\lambda x.MN$ 表示 $\lambda x.(MN)$，而不是 $(\lambda x.M)N$；
- 当有连续多个 λ-抽象时，只写最左边的 λ 符号，例如把 $\lambda f.\lambda x.f(fx)$ 写成 $\lambda fx.f(fx)$。

练习 1.1 （1）根据上面的约定，尽可能减少下面这些 λ-项中的括号，但不改变这些项的结构：

　　(i) $\lambda f.(\lambda x.x)$

　　(ii) $\lambda f.(\lambda x.(fx))$

    (iii) $x(y(\lambda z.z))$

(2) 尽量补全下面这些 λ-项中的括号，但不改变这些项的结构：

    (i) $\lambda xy.y$

    (ii) $\lambda ab.(\lambda ab.b)$

    (iii) $\lambda nmfx.nf(mfx)$

1.2.2 α-等价

之前我们说过，λ-演算是一种形式化的语言。可以粗略地认为，用这种语言写出来的句子应该是给计算机识别的。对机器而言，$\lambda x.x$ 和 $\lambda y.y$ 是两个不同的字符串。但在语义层面上，希望把这两个 λ-项看成同一个函数，对输入的值不做任何改变而直接输出，即恒等函数。这种想法其实并不陌生，在数学上会写 $f(x) = x$ 或者 $f(y) = y$ 来表示恒等函数，而且不假思索地认为这两种写法没有任何区别。为了把 $\lambda x.x$ 和 $\lambda y.y$ 这样的项等同起来，本节引入 α-等价的概念。在此之前，需要介绍自由变量和受限变量的概念。

定义 1.2   对形如 $\lambda x.M$ 的项，称 λx 为一个<u>绑定子</u>（binder），子项 M 为这个绑定子的<u>范围</u>（scope）。变量 x 的一次<u>出现</u>（occurrence）如果在 M 中，则称这次出现为<u>受限的</u>（bound），否则则称为<u>自由的</u>（free）。

注意，绑定子 λx 中的 x 不算作变量 x 的一次出现。

例 1.1   对于项 $(\lambda x.yx)(\lambda y.zy)$，从左往右看，$y$ 的第一次出现是自由的，第二次出现是受限的；变量 x 和 z 分别出现一次，前者是受限的，后者是自由的。

例 1.2   在项 $\lambda x.(\lambda y.\lambda x.xy)xy$ 中，变量 x 出现两次。从左往右看，x 的第一次出现受限于内层的绑定子 λx，第二次出现受限于外层的绑定子 λx。变量 y 也出现两次，第一次出现受限于绑定子 λy，而第二次出现是自由的。

下面形式化地定义任何一个给定项 M 中自由出现的变量的集合，记为 $FV(M)$。

$$FV(x) \stackrel{\text{def}}{=} \{x\}$$
$$FV(MN) \stackrel{\text{def}}{=} FV(M) \cup FV(N)$$
$$FV(\lambda x.M) \stackrel{\text{def}}{=} FV(M) \backslash \{x\}$$

注意   以上对函数 $FV(\cdot)$ 的定义是一种典型的归纳定义，称为<u>结构归纳</u>（structural induction）。在同一行中，如果 $FV(M)$ 出现在定义符号 $\stackrel{\text{def}}{=}$ 左边，某个 $FV(N)$ 出现在右边，那么 N 一定是 M 的子项，即 N 的结构比 M 简单，以确保 $FV(\cdot)$ 是<u>良定义的</u>（well defined）。

练习 1.2   令 $V(M)$ 为 λ-项 M 中出现的所有变量的集合。利用结构归纳的方式定义函数 $V(\cdot)$。

练习 1.3　令 $ST(M)$ 为 λ-项 M 的所有子项的集合，并假设 M 是其自身的一个子项。利用结构归纳的方式定义函数 $ST(\cdot)$。例如，

$$ST(\lambda x.xy) = \{\lambda x.xy,\ xy,\ x,\ y\}.$$

有时候希望给一个项 M 中的变量换名字，或者说重命名（rename）一个变量。我们用记号 $M\{y/x\}$ 表示把项 M 中的所有变量 x 换成变量 y 之后得到的项。同样，用结构归纳的方式定义这个重命名函数。

$$
\begin{aligned}
x\{y/x\} &\stackrel{\text{def}}{=} y \\
z\{y/x\} &\stackrel{\text{def}}{=} z &&\text{若 } x \ne z \\
(MN)\{y/x\} &\stackrel{\text{def}}{=} (M\{y/x\})(N\{y/x\}) \\
(\lambda x.M)\{y/x\} &\stackrel{\text{def}}{=} \lambda y.(M\{y/x\}) \\
(\lambda z.M)\{y/x\} &\stackrel{\text{def}}{=} \lambda z.(M\{y/x\}) &&\text{若 } x \ne z
\end{aligned}
$$

从上面的定义可以看出，在重命名时把所有 x 的出现替换为 y 的出现，不管这些出现是自由的还是受限的。

有了前面这些准备工作，现在可以给出 α-等价（α-equivalence）的严格定义。

定义 1.3　在 λ-项上满足表 1.1 中所有规则的最小二元关系称为 α-等价，记为 $=_\alpha$。

表 1.1　　α-等价的定义规则

规则	关系式	规则	关系式
(R_r)	$\dfrac{}{M = M}$	(R_{ap})	$\dfrac{M = M' \quad N = N'}{MN = M'N'}$
(R_s)	$\dfrac{M = N}{N = M}$	(R_{ab})	$\dfrac{M = M'}{\lambda x.M = \lambda x.M'}$
(R_t)	$\dfrac{M = N \quad N = P}{M = P}$	(R_α)	$\dfrac{y \notin V(M)}{\lambda x.M = \lambda y.(M\{y/x\})}$

表 1.1 中共有 6 条规则，其中 (R_r)、(R_s)、(R_t) 分别表示自反、对称、传递性质，满足这三条规则的二元关系是一个等价关系；(R_{ap}) 和 (R_{ab}) 分别表示在作用和 λ-抽象两个语法构造下的封闭性，在 λ-项上满足这两条规则的二元关系具有同余性（congruence）。最核心的规则是 (R_α)，其意义是可以把一个受限变量 x 重命名为任何一个目前没出现过的新变量 y。定义 1.3 说明 α-等价是在 λ-项上满足 (R_α) 的等价且同余的最小二元关系。

例 1.3　若两个项 M 和 N 不满足 α-等价关系，则记为 $M \ne_\alpha N$。
- $\lambda x.\lambda x.x =_\alpha \lambda x.\lambda y.y \ne_\alpha \lambda x.\lambda y.x$
- $\lambda x.M(\lambda y.y) \ne_\alpha \lambda x.M(\lambda x.y)$
- $\lambda x.xy \ne_\alpha \lambda y.yx \ne_\alpha \lambda x.xx$

练习 1.4　证明如下性质：任何一个 λ-项 M 都 α-等价于另一个项 M'，使得 M' 中任何一个受限变量都与其他的受限或自由变量不重名。

从现在开始，将不再区分 α-等价的 λ-项，就像我们不希望区分数学表达式 $\int x\,\mathrm{d}x$ 和 $\int y\,\mathrm{d}y$ 一样。

1.2.3　替换

与重命名相近但略复杂的一个概念是**替换**（substitution），它允许把一个变量替换为一个 λ-项。通常用记号 $M[N/x]$ 表示把项 M 中的 x 替换为 N 的结果。不过，这样的替换需要满足下面两个条件。

（1）只能把自由变量替换为其他项。1.2.2 节介绍的 α-等价允许把受限变量重命名为任何新的变量。如果对受限变量进行替换，会破坏 α-等价。例如，$(\lambda x.x)[yy/x]$ 应该等于 $(\lambda x.x)$ 而不是 $(\lambda x.yy)$，否则，本来 $(\lambda x.x)$ 与 $(\lambda z.z)$ 是 α-等价的，替换之后两者将不等价，这不是我们期望的结果。

（2）项 N 中的自由变量不能被 M 中的绑定子捕获（capture）。例如，假设有 $M \stackrel{\text{def}}{=} \lambda x.xy$，$N \stackrel{\text{def}}{=} yx$。注意，变量 x 在 N 中是自由的，但在 M 中是受限的。如果允许如下替换：

$$M[N/y] = (\lambda x.xy)[yx/y] = \lambda x.x(yx)$$

则把原来 N 中自由的 x 捕获了，而变成和 M 中受限的 x 视为相同的变量。这不是我们期望的结果，因为后者可以重命名为任何一个新的变量但前者不可以。遇到这种情况，正确的做法应该是在替换之前就对 M 中的受限变量 x 重命名：

$$M[N/y] = (\lambda x'.x'y)[yx/y] = \lambda x'.x'(yx)$$

为满足第二个条件，有时需要把一个受限变量重命名为一个新鲜的（在目前考虑的项中未曾使用过的）变量。在定义 1.1中，假定变量集合 $\mathcal{V}$ 是可数无穷的，这样可以保证任何时候都能取到新变量。

定义 1.4　把项 M 中自由出现的 x 改写成项 N 的**免捕获**（capture-avoiding）替换定义如下：

$$
\begin{aligned}
x[N/x] &\stackrel{\text{def}}{=} N \\
y[N/x] &\stackrel{\text{def}}{=} y & \text{若 } x \neq y \\
(MP)[N/x] &\stackrel{\text{def}}{=} (M[N/x])(P[N/x]) \\
(\lambda x.M)[N/x] &\stackrel{\text{def}}{=} \lambda x.M \\
(\lambda y.M)[N/x] &\stackrel{\text{def}}{=} \lambda y.(M[N/x]) & \text{若 } x \neq y \text{ 且 } y \notin FV(N) \\
(\lambda y.M)[N/x] &\stackrel{\text{def}}{=} \lambda y'.(M\{y'/y\}[N/x]) & \text{若 } x \neq y,\ y \in FV(N) \\
& & \text{且 } y' \text{ 是新鲜的}
\end{aligned}
$$

在这个定义的最后一行，我们只说 y' 是**新鲜的**（fresh），但没有明确具体如何选择这样的变量。不失一般性，不妨假设集合 $\mathcal{V}$ 中的元素有一个枚举：$y_1, y_2, \cdots$ 每当需要一个新鲜变量时，就选一个下标最小并且在 M 和 N 中未使用过的那个变量 y_i。

例 1.4 下面三个替换的结果不同，分别对应定义 1.4中的最后三种情况。

（1）$(\lambda x.xyy)[xy/x] = \lambda x.xyy$

（2）$(\lambda x.xyy)[zy/y] = \lambda x.x(zy)(zy)$

（3）$(\lambda x.xyy)[xy/y] = \lambda x'.x'(xy)(xy)$

练习 1.5 证明对任何变量 x，任何三个项 M、N 和 P，如果 $M =_\alpha P$，那么 $M[N/x] =_\alpha P[N/x]$。

1.2.4 β-归约

给定两个简单的算术表达式，比如 $1+2\times3$ 和 $3+2+2$，很容易看出它们表示相同的结果。究其原因，原来我们可以运用乘法和加法的等式公理做递等式计算，这个过程是对数学表达式的化简，最后两个等式都可以化简到数字 7。

$$
\begin{aligned}
& 1+2\times3 && 3+2+2 \\
=\ & 1+6 && =\ 5+2 \\
=\ & 7 && =\ 7
\end{aligned}
$$

在上面的递等式计算过程中，用到好几条等式公理，比如 $2\times3=6$，$1+6=7$ 等。

给定 λ-演算中的两个表达式，即两个 λ-项 M 和 N，也希望对它们进行某种转换或者化简，看最后能否变成相同的项。在 λ-演算中，只需要一条化简规则，称为 β-归约，其直观想法就是把函数的参数代入函数体。一个形如 $(\lambda x.M)N$ 的项称为一个 **β-可约项**（β-redex），它把一个 λ-抽象 $(\lambda x.M)$ 作用到另一个项 N 上。我们把它**归约**（reduce）到 $M[N/x]$，后面这个项称为 **规约结果项**（reduct）。对 λ-项的这一步转换，可写成下面的形式：

$$
(\lambda x.M)N \longrightarrow_\beta M[N/x]
$$

对 λ-项归约的过程就是不断寻找可约项，换成它的规约结果项的过程。如果一个项中没有可约项，就称这个项是一个 **β 范式**（β-normal form）。

例 1.5 对项 $(\lambda x.x((\lambda y.y)z))(\lambda x.y)$ 进行 β-归约。在每一步中，对即将归约的可约项用下画线标示出来。

$$
\begin{aligned}
\underline{(\lambda x.x((\lambda y.y)z))(\lambda x.y)} & \longrightarrow_\beta (\lambda x.y)(\underline{(\lambda y.y)z}) \\
& \longrightarrow_\beta \underline{(\lambda x.y)z} \\
& \longrightarrow_\beta y
\end{aligned}
\tag{1.2.1}
$$

最后这个项 y 没有可约项，是一个范式。实际上，在第二步可以选择另外一个可约项进行归约：

$$(\lambda x.x((\lambda y.y)z))(\lambda x.y) \quad \longrightarrow_\beta \quad (\lambda x.y)((\lambda y.y)z)$$
$$\longrightarrow_\beta \quad y \tag{1.2.2}$$

通过上面的例子可以观察到如下几点：

- 对一个可约项进行归约可以创建出新的可约项。例如，在式 (1.2.1) 的第一行右边，项 $(\lambda x.y)((\lambda y.y)z)$ 是一个新出现的可约项。
- 对一个可约项进行归约可以删除其他的可约项。例如，在式 (1.2.2) 的第一行右边，原来存在的可约项 $((\lambda y.y)z)$ 被下一步的归约删除了。
- 把一个项归约为一个范式的步骤数目可以随归约顺序的不同而变化。例如，在式 (1.2.1) 和式 (1.2.2) 中，虽然从相同的一个项开始归约，但经过的步骤数分别为 3 和 2。

从上面的例子中可以看到，不同的归约顺序虽然经历不同长度的归约路径，但最后都到达同一个范式 y。实际上，这并非偶然，而是一个一般结论，将在 1.2.8 节介绍。

存在一些项，从它们出发进行归约，最后可能不能到达任何范式。例如，

$$(\lambda x.xx)(\lambda x.xx) \quad \longrightarrow_\beta \quad (\lambda x.xx)(\lambda x.xx) \quad \longrightarrow_\beta \quad \cdots$$

项 $(\lambda x.xx)(\lambda x.xx)$ 只有唯一的一个可约项，归约到的规约结果项是其自身。

练习 1.6　判断下面四个项是否都能归约到范式：

（1）$(\lambda xy.x)(\lambda x.xx)(\lambda x.xx)$

（2）$(\lambda xy.x)((\lambda x.xx)(\lambda x.xx))$

（3）$(\lambda x.x)(\lambda y.yyy)(\lambda xy.x)$

（4）$(\lambda fx.fxx)(\lambda xy.y)y$

练习 1.7　给出一个项 M，每归约一步就到达一个更复杂的项，从而无法最终到达一个范式。

练习 1.8　给出一个项 M，它经过一系列的归约能到达一个范式，但是若经过另一系列的归约，则无法到达一个范式。

下面给出 β-归约的形式化定义。

定义 1.5　单步 β-归约，记作 $\longrightarrow_\beta$，是满足下列规则的最小关系：

$$(B_\beta) \quad \frac{}{(\lambda x.M)N \longrightarrow_\beta M[N/x]} \qquad\qquad (B_{ap1}) \quad \frac{M \longrightarrow_\beta M'}{MN \longrightarrow_\beta M'N}$$

$$(B_{ab}) \quad \frac{M \longrightarrow_\beta M'}{\lambda x.M \longrightarrow_\beta \lambda x.M'} \qquad\qquad (B_{ap2}) \quad \frac{N \longrightarrow_\beta N'}{MN \longrightarrow_\beta MN'}$$

可以看出，存在单步归约 $M \longrightarrow_\beta M'$ 当且仅当 M' 是通过归约 M 中的一个可约项得到的。我们用 $\longrightarrow_\beta^*$ 表示 $\longrightarrow_\beta$ 的自反传递闭包，即包含 $\longrightarrow_\beta$ 的自反和传递的最小关系。如果 $M \longrightarrow_\beta^* M'$，那么 M' 是从 M 出发经过零步或多步 β-归约得到的项。

定义 1.6　令 $\longleftarrow_\beta$ 为 $\longrightarrow_\beta$ 的逆关系，即 $M' \longleftarrow_\beta M$ 当且仅当 $M \longrightarrow_\beta M'$。定

义 $=_\beta$ 为 $\longrightarrow_\beta$ 及其逆关系的自反传递闭包, 即 $(\longrightarrow_\beta \cup \longleftarrow_\beta)^*$。因此, $M =_\beta N$ 表示可以从 M 出发通过反复地正向或逆向使用 β-归约而得到 N。

例 1.6 令 $M \overset{\text{def}}{=} (\lambda x.x((\lambda y.y)z))(\lambda x.y)$ 和 $N \overset{\text{def}}{=} (\lambda a.\lambda b.b)xy$。由例 1.5 可以知道 $M \longrightarrow_\beta^* y$。从项 N 出发有 $N \longrightarrow_\beta (\lambda b.b)y \longrightarrow_\beta y$, 于是

$$M \longrightarrow_\beta^* y \longleftarrow_\beta^* N$$

也就是说, 有 $M =_\beta N$。

练习 1.9 证明如下性质: 如果 $M \longrightarrow_\beta N$, 那么 $FV(N) \subseteq FV(M)$。为什么 $FV(N) = FV(M)$ 不一定成立?

练习 1.10 证明如下性质:

（1）如果 $N \longrightarrow_\beta^* N'$, 那么 $M[N/x] \longrightarrow_\beta^* M[N'/x]$。

（2）如果 $N \longrightarrow_\beta^* N'$, 那么 $M[N/x] \longrightarrow_\beta^* M[N'/x]$。如果 $M \longrightarrow_\beta M'$, 那么 $M[N/x] \longrightarrow_\beta M'[N/x]$。

（3）如果 $N \longrightarrow_\beta^* N'$, 那么 $M[N/x] \longrightarrow_\beta^* M[N'/x]$。如果 $M \longrightarrow_\beta^* M'$ 且 $N \longrightarrow_\beta^* N'$, 那么 $M[N/x] \longrightarrow_\beta^* M'[N'/x]$。

1.2.5 表达能力

虽然 λ-演算的语法和归约语义非常简单, 但是可以用它编码各种数据值, 如布尔值和自然数, 以及操纵这些数据的常见运算。事实上, 我们并不特意区分数据和数据上的运算, 因为它们都可用 λ-项表达。为了给一些项命名, 下面用粗体字母作为名字。

布尔值 定义两个 λ-项 **T** 和 **F** 来编码布尔类型中的真和假两个值:

$$\mathbf{T} \overset{\text{def}}{=} \lambda xy.x$$
$$\mathbf{F} \overset{\text{def}}{=} \lambda xy.y$$

有了布尔值之后, 接下来定义对布尔值的运算: 与、或、非。and 表示 "与" 运算, 若令 **and** $\overset{\text{def}}{=} \lambda ab.aba$, 则下面四条归约性质成立:

$$\mathbf{and\ TT} \longrightarrow_\beta^* \mathbf{T}$$
$$\mathbf{and\ TF} \longrightarrow_\beta^* \mathbf{F}$$
$$\mathbf{and\ FT} \longrightarrow_\beta^* \mathbf{F}$$
$$\mathbf{and\ FF} \longrightarrow_\beta^* \mathbf{F}$$

例 1.7 作为一个例子, 我们验证第一条性质, 其他三条性质类似。

$$
\begin{aligned}
\mathbf{and\ TT} &\equiv (\lambda ab.aba)(\lambda xy.x)(\lambda xy.x) \\
&\longrightarrow_\beta (\lambda b.(\lambda xy.x)b(\lambda xy.x))(\lambda xy.x) \\
&\longrightarrow_\beta (\lambda xy.x)(\lambda xy.x)(\lambda xy.x) \\
&\longrightarrow_\beta (\lambda y.(\lambda xy.x))(\lambda xy.x) \\
&\longrightarrow_\beta (\lambda xy.x) \\
&\equiv \mathbf{T}
\end{aligned}
$$

在上面的推导过程中，用符号 ≡ 表示**语法等价**（syntactic equivalence），即如果按定义展开，该符号左右两边的表达式在语法上一模一样。

由于 **T** 和 **F** 是范式，因此可以说 **and TT** 求值（evaluate）到 **T**。针对上面定义的 **T** 和 **F**，可见 **and** 能完成所需的运算，因此是对"与"运算的一个有效编码。这里需要注意两点：

- 项 **and** 构成对"与"运算有效编码的前提是"真""假"值分别用 **T**、**F** 编码。如果布尔值用其他项 M、N 表示，就不能保证 **and** MN 求值到合适的项。
- 即使对于上面定义的 **T** 和 **F**，"与"运算的编码也不唯一，比如项 $\lambda ab.bab$ 也符合要求。

练习 1.11　把"否定""或""异或"运算定义成下面的项：

$$\textbf{not} \stackrel{\text{def}}{=} \lambda a.a\textbf{FT}$$
$$\textbf{or} \stackrel{\text{def}}{=} \lambda ab.aab$$
$$\textbf{xor} \stackrel{\text{def}}{=} \lambda ab.a(b\textbf{FT})b$$

验证这几个编码的有效性。另外，对这几个运算尝试给出和上面不一样的编码方式。

练习 1.12　布尔值还可用在条件判断中，对于条件判断，定义

$$\textbf{if\_then\_else} \stackrel{\text{def}}{=} \lambda x.x$$

验证这个项具有如下所期望的行为，即对任何项 M 和 N，有

$$\textbf{if\_then\_else } \textbf{T}MN \quad \longrightarrow^*_\beta \quad M$$
$$\textbf{if\_then\_else } \textbf{F}MN \quad \longrightarrow^*_\beta \quad N$$

自然数　如果 f 和 x 是两个 λ-项，n 是一个自然数，用记号 $f^n x$ 代表把 f 作用 n 次到 x 上所得到的项。例如 $f^0 x = x$，$f^1 x = fx$，$f^2 x = f(fx)$ 等。对每个自然数 n，定义第 n 个**邱奇数**（Church numeral）为一个 λ-项，$\overline{n} \stackrel{\text{def}}{=} \lambda fx.f^n x$。从 0 开始的前几个邱奇数如下：

$$\overline{0} \stackrel{\text{def}}{=} \lambda fx.x$$
$$\overline{1} \stackrel{\text{def}}{=} \lambda fx.fx$$
$$\overline{2} \stackrel{\text{def}}{=} \lambda fx.f(fx)$$
$$\vdots$$

邱奇数是在 λ-演算中对自然数的编码表示，这种表示方法是邱奇提出来的。这里，$\overline{0}$ 和之前定义的 **F** 是 α-等价的。接下来需要编码自然数集合上的一些常用函数。我们把后继函数编码为项 **succ**，其中

$$\textbf{succ} \stackrel{\text{def}}{=} \lambda nfx.f(nfx)$$

把 **succ** 作用于 $\overline{n}$，进行几步 β-归约以后求值到 $\overline{n+1}$，如我们所期望的一样。

$$
\begin{aligned}
\textbf{succ } \overline{n} \ &\equiv\ (\lambda nfx.f(nfx))(\lambda fx.f^n x) \\
&\longrightarrow_\beta\ \lambda fx.f((\lambda fx.f^n x)fx) \\
&\longrightarrow_\beta\ \lambda fx.f((\lambda x.f^n x)x) \\
&\longrightarrow_\beta\ \lambda fx.f(f^n x) \\
&\equiv\ \lambda fx.f^{n+1} x \\
&\equiv\ \overline{n+1}
\end{aligned}
$$

对于加法、乘法和幂运算，定义 **add**、**mult** 和 **exp** 3 个项。

$$
\begin{aligned}
\textbf{add} \ &\stackrel{\text{def}}{=}\ \lambda mnfx.mf(nfx) \\
\textbf{mult} \ &\stackrel{\text{def}}{=}\ \lambda mnf.m(nf) \\
\textbf{exp} \ &\stackrel{\text{def}}{=}\ \lambda mn.nm
\end{aligned}
$$

练习 1.13 对于任何自然数 m 和 n，证明下面性质：

$$
\begin{aligned}
\textbf{add } \overline{m}\ \overline{n} \ &\longrightarrow_\beta^*\ \overline{m+n} \\
\textbf{mult } \overline{m}\ \overline{n} \ &\longrightarrow_\beta^*\ \overline{m \times n} \\
\textbf{exp } \overline{m}\ \overline{n} \ &\longrightarrow_\beta^*\ \overline{m^n}
\end{aligned}
$$

还有一个有用的函数是判断一个自然数是否为零，如果为零，那么返回真，否则返回假。可以用下面的项表示：

$$
\textbf{iszero} \stackrel{\text{def}}{=} \lambda n.n(\lambda x.\mathbf{F})\mathbf{T}
$$

在本节的最后，考虑前继函数。令人吃惊的是，与后继函数相比，它的定义复杂得多[①]：

$$
\textbf{pred} \stackrel{\text{def}}{=} \lambda nfx.n(\lambda gh.h(gf))(\lambda u.x)(\lambda u.u)
$$

这个前继函数的计算比后继函数慢很多，因为它构造结果的时候需要从零开始反复计算后继。

练习 1.14 验证 **iszero** 和 **pred** 具有我们期望的如下性质：

$$
\begin{aligned}
\textbf{iszero } \overline{0} \ &\longrightarrow_\beta^*\ \mathbf{T} \\
\textbf{iszero } \overline{n+1} \ &\longrightarrow_\beta^*\ \mathbf{F} \\
\textbf{pred } \overline{0} \ &\longrightarrow_\beta^*\ \overline{0} \\
\textbf{pred } \overline{n+1} \ &\longrightarrow_\beta^*\ \overline{n}
\end{aligned}
$$

---

① 邱奇本人没想出如何在 λ-演算中定义前继函数；他的学生斯蒂芬·C. 克林（Stephen C. Kleene）有一次在看牙医的时候突然灵感闪现，想到前继函数的一种定义办法。

练习 1.15 除前面定义的邱奇数和后继函数 **succ**，下面给出 **pair** 和 **step** 两个项：

$$\begin{aligned} \mathbf{pair} &= \lambda xyz.zxy \\ \mathbf{step} &= \lambda p.p(\lambda xy.\mathbf{pair}\ (\mathbf{succ}\ x)\ (fxy)) \end{aligned}$$

证明下面的归约性质：$\mathbf{step}\ (\mathbf{pair}\ \overline{n}\ a) \longrightarrow_\beta^* \mathbf{pair}\ \overline{n+1}\ (f\ \overline{n}\ a)$。

1.2.6 不动点

假设 $f : D \to D$ 是在定义域和值域均为 D 上的一个函数，$x \in D$ 是 D 中的一个元素。如果 $f(x) = x$ 成立，称 x 是 f 的一个<u>不动点</u>（fixed point）。在数学上，有的函数没有不动点，比如 $f(x) = x - 1$；有的函数如 $f(x) = x^2 - x + 1$ 有唯一一个不动点 1；有的函数如 $f(x) = x^2 - x$ 有两个不动点：0 和 2；有的函数甚至有无穷多个不动点，比如 $f(x) = x$。

对于 λ-演算，也引入不动点的概念。对于两个项 F 和 M，如果 $FM =_\beta M$，就称 M 是 F 的一个不动点。与数学函数很不一样的是，任何一个 λ-项都有不动点！

定理 1.1 在不带类型的 λ-演算中，每个项都有一个不动点。

证明 定义一个特殊的项 Θ：

$$\Theta \stackrel{\text{def}}{=} (\lambda xy.y(xxy))(\lambda xy.y(xxy))$$

对于任何项 F，进行如下计算：

$$\begin{aligned} \Theta F &\equiv (\lambda xy.y(xxy))(\lambda xy.y(xxy))F \\ &\longrightarrow_\beta (\lambda y.y((\lambda xy.y(xxy))(\lambda xy.y(xxy))y))F \\ &\longrightarrow_\beta F((\lambda xy.y(xxy))(\lambda xy.y(xxy))F)) \\ &\equiv F(\Theta F) \end{aligned}$$

因此，有 $F(\Theta F) =_\beta \Theta F$，即 ΘF 是项 F 的一个不动点。

这个特殊的项 Θ 在文献中经常被称为<u>图灵不动点组合算子</u>（Turing's fixed point combinator），它提供了一种寻找不动点的方法。下面通过一个例子介绍 Θ 的应用。

例 1.8 利用不动点组合算子定义阶乘函数。首先，把阶乘函数需要满足的等式写出来：

$$\mathbf{fact}\ n = \mathbf{if\_then\_else}\ (\mathbf{iszero}\ n)(\overline{1})(\mathbf{mult}\ n\ (\mathbf{fact}\ (\mathbf{pred}\ n)))$$

因为待定义的项 **fact** 出现在等式两边，所以这个等式是递归的。为了得到 **fact**，需要寻找这个方程的解。为此，对等式做两步变换。

$$\begin{aligned} \mathbf{fact} &= \lambda n.\mathbf{if\_then\_else}\ (\mathbf{iszero}\ n)(\overline{1})(\mathbf{mult}\ n\ (\mathbf{fact}\ (\mathbf{pred}\ n))) \\ &= (\lambda f.\lambda n.\mathbf{if\_then\_else}\ (\mathbf{iszero}\ n)(\overline{1})(\mathbf{mult}\ n\ (f(\mathbf{pred}\ n))))\ \mathbf{fact} \end{aligned}$$

令 $F \stackrel{\text{def}}{=} \lambda f.\lambda n.\mathbf{if\_then\_else}\ (\mathbf{iszero}\ n)(\overline{1})(\mathbf{mult}\ n\ (f(\mathbf{pred}\ n)))$。上面的方程变成

fact = *F* **fact**，即我们要找的 **fact** 是项 *F* 的一个不动点。根据定理 1.1 的证明中给出的求不动点的方法，可以得到 **fact** 的一个定义：

$$\textbf{fact} \overset{\text{def}}{=} \Theta F$$
$$= \Theta(\lambda f.\lambda n.\textbf{if\_then\_else}\,(\textbf{iszero}\,n)(\overline{1})(\textbf{mult}\,n\,(f(\textbf{pred}\,n))))$$

练习 1.16　用数学归纳法证明 $\textbf{fact}\,\overline{n} \longrightarrow^*_\beta \overline{n!}$ 对任何自然数 n 都成立。

练习 1.17　令 $\textbf{Y} \overset{\text{def}}{=} \lambda f.(\lambda x.f(xx))(\lambda x.f(xx))$。证明 **Y** 是一个不动点组合算子，即对任何项 *F*，它的一个不动点是 **Y***F*。在文献中，项 **Y** 被称为柯里不动点组合算子（Curry's fixed point combinator）。

练习 1.18　斯科特数（Scott numerals）是对自然数的另一种编码。
- 数字零 $\textbf{zero} := \lambda z.\lambda s.\,z$
- 后继函数 $\textbf{S} := \lambda n.\lambda z.\lambda s.\,s\,n$
- 模式匹配 $\textbf{caseN} := \lambda n.\lambda u.\lambda f.\,n\,u\,f$

斯科特编码的自然数有下列形式的范式：

$$\begin{aligned} \textbf{one} &:= \lambda z.\lambda s.\,s\,\textbf{zero} \\ \textbf{two} &:= \lambda z.\lambda s.\,s\,\textbf{one} \\ \textbf{three} &:= \lambda z.\lambda s.\,s\,\textbf{two} \\ &\quad\;\vdots \end{aligned}$$

为得到斯科特编码的加法，我们注意到

$$\textbf{add}\,n\,m = \textbf{caseN}\,n\,m\,(\lambda n'.\,\textbf{S}\,(\textbf{add}\,n'\,m))$$

验证这个等式成立，并借助一个不动点写出用 λ-项表示的加法函数。

1.2.7　其他数据类型

除了布尔类型和自然数类型，还可以在 λ-演算中表示其他数据类型，如二元组、多元组、列表、树等。

二元组　如果 *M* 和 *N* 是两个项，由它们组成的二元组（pair）$\langle M, N \rangle$ 可以用项 $\lambda z.zMN$ 表示。同时，可以给出两个投影（projection）函数 $\pi_1 \overset{\text{def}}{=} \lambda p.p(\lambda xy.x)$ 和 $\pi_2 \overset{\text{def}}{=} \lambda p.p(\lambda xy.y)$，很容易验证下面两条性质：

$$\begin{aligned} \pi_1\langle M, N \rangle &\longrightarrow^*_\beta M \\ \pi_2\langle M, N \rangle &\longrightarrow^*_\beta N \end{aligned}$$

多元组　可以把二元组扩展到任意 *n*-元组（*n*-tuples）。假设给定 *n* 个项 $M_1, M_2, \cdots, M_n$，用项 $\lambda z.zM_1\,M_2\cdots\,M_n$ 表示 *n*-元组 $\langle M_1, M_2, \cdots, M_n \rangle$，同时定义第 *i* 个投影函数 $\pi_i^n \overset{\text{def}}{=} \lambda p.p(\lambda x_1 x_2 \cdots x_n.x_i)$，可以验证下面的性质：

$$\pi_i^n\langle M_1, M_2, \cdots, M_n \rangle \longrightarrow^*_\beta M_i \qquad \text{其中}\,1 \leqslant i \leqslant n.$$

列表 与多元组不同，*列表*（list）的长度是不固定的。一个列表可以是空的，也可以是头（head）元素后面跟上另一个尾（tail）列表。用 **nil** 表示<u>空列表</u>，用 $H :: T$ 表示一个非空列表，它的头和尾分别是 H 和 T。例如，$9 :: 7 :: 5 :: \textbf{nil}$ 表示一个列表，前三个元素依次是 9、7 和 5。

在 λ-演算中，定义 $\textbf{nil} \overset{\text{def}}{=} \lambda xy.y$ 和 $H :: T \overset{\text{def}}{=} \lambda xy.xHT$。基于这样的定义，可以表示操纵列表的一些函数。例如，如果列表 l 中存储的是自然数，为了对表中的所有数字求和，希望有一个满足下面等式的项 **sumlist**：

$$\textbf{sumlist } l \;=\; l(\lambda ht.\, \textbf{add } h(\textbf{sumlist } t))(\overline{0}). \tag{1.2.3}$$

根据 1.2.6 节介绍的方法，可以利用不动点算子显式地构造一个项 **sumlist**。

练习 1.19 从等式（1.2.3）出发给出一个 λ-项以实现 **sumlist**，并验证下面的归约成立：

$$\textbf{sumlist } (\overline{9} :: \overline{7} :: \overline{5} :: \textbf{nil}) \;\longrightarrow^*_\beta\; \overline{21}.$$

二叉树 一棵二叉树只有两种形式：要么是一个叶子节点，用一个自然数作为标号；要么是一个内部节点，从它出发有左、右两棵子树。通常用 **leaf** n 表示标号为 n 的叶子节点，用 **node**(L, R) 表示左、右子树分别为 L 和 R 的内部节点。可用 λ-项对它们进行编码。

$$\textbf{leaf}(n) \overset{\text{def}}{=} \lambda xy.xn, \qquad\qquad \textbf{node}(L, R) \overset{\text{def}}{=} \lambda xy.yLR.$$

可以定义一个函数 **sumtree**，对树上所有叶子节点的标号进行求和。它满足如下等式：

$$\textbf{sumtree } t \;=\; t(\lambda n.n)(\lambda lr.\, \textbf{add } (\textbf{sumtree } l)(\textbf{sumtree } r)).$$

练习 1.20 写出一个 λ-项来实现函数 **sumtree**。

1.2.8 邱奇-罗索定理

在不带类型的 λ-演算中，一直把 λ-项看作函数，它可以作用于任何其他项，然后引入 β-等价的概念比较两个项。如果我们回顾数学中函数等价的含义，会得到不一样的启发。对于任意两个数学函数 f 和 g，说它们相等，通常是指它们的定义域相同，并且对于任何定义域上的值 x，总有 $f(x) = g(x)$，这是函数的外延性质。现在把这个观点用到 λ-演算中，考察项 $\lambda x.Mx$ 和 M，其中变量 x 假设不在 M 中自由出现。因为 $(\lambda x.Mx)N =_\beta MN$，所以似乎没有理由区分它们。但是我们注意到 $\lambda x.Mx$ 和 M 这两个项不是 β-等价的，为了把这两个项等同起来，需要加入其他规则。

如果把定义 1.5 中的（B_β）改成下面的规则

$$(B_\eta) \qquad \lambda x.Mx \longrightarrow_\eta M \qquad \text{其中} x \notin FV(M)$$

可以得到 η-归约的定义。令 $\longrightarrow_{\beta\eta} \overset{\text{def}}{=} \longrightarrow_\beta \cup \longrightarrow_\eta$，也就是说，$M \longrightarrow_{\beta\eta} M'$ 当且仅当

$M \longrightarrow_\beta M'$ 或者 $M \longrightarrow_\eta M'$。多步的 $\beta\eta$-归约记为 $\longrightarrow^*_{\beta\eta}$，$\beta\eta$-等价记为 $=_{\beta\eta}$，以及 $\beta\eta$-范式的概念都可以类比 1.2.4 节中的有关概念而定义出来。

定理 1.2　令 $\longrightarrow^*$ 表示 $\longrightarrow^*_\beta$ 或者 $\longrightarrow^*_{\beta\eta}$。假设有 M、N 和 P 三个 λ-项使得 $M \longrightarrow^* N$ 和 $M \longrightarrow^* P$ 都成立，那么必定存在一个项 Z 满足 $N \longrightarrow^* Z$ 和 $P \longrightarrow^* Z$。

这个定理说明，如果从项 M 出发归约到两个项 N 和 P，那么可以继续归约最终合流到一个共同的项 Z，如图 1.4 所示。这个性质称为邱奇-罗索性质（Church-Rosser property）或者合流（confluence）。具体证明参见文献 [3,14]，这里只介绍它的几个推论。

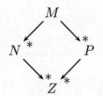

图 1.4　邱奇-罗索性质

推论 1.1　（1）如果 $M =_\beta N$，那么存在项 Z 满足 $M \longrightarrow^*_\beta Z$ 和 $N \longrightarrow^*_\beta Z$。
（2）如果 N 是一个 β-范式而且 $N =_\beta M$，那么 $M \longrightarrow^*_\beta N$。
（3）如果 M 和 N 是 β-范式且 $M =_\beta N$，那么 $M =_\alpha N$。
（4）如果 $M =_\beta N$，那么或者两个项都有一个 β-范式，或者两个项都没有 β-范式。
如果把上面所有的 β 改成 $\beta\eta$，这四条性质依然成立。

1.2.9　归约策略

在一个 λ-项中，通常同时有多个 β-可约项，根据定义 1.5，每次要归约时可以非确定地选择一个可约项。但是有时希望固定一个次序，每一步只对特定的一个可约项进行归约。换句话说，希望定义一个归约策略（reduction strategy），每次要归约时就确定性地选择一个可约项。

定义 1.7　对任何形如 $M = (\lambda x.N)P$ 的 β-可约项，M 在项 N 和 P 中所有的可约项外面；反之，项 N 和 P 中所有的可约项出现在 M 里面。如果一个 β-可约项的外面没有任何其他可约项，则称当前这个可约项为最外面的（outermost）可约项；反之，如果一个 β-可约项的里面没有任何其他可约项，则称当前这个可约项为最里面的（innermost）可约项。

定义 1.8　一个常序归约（normal order reduction）总是首先归约最左、最外面的 β-可约项。一个应用序归约（applicative order reduction）总是首先归约最左、最里面的 β-可约项。

例如，考虑下面的 λ-项

$$((\lambda x.\lambda y.xy)((\lambda z.z)x))((\lambda x.x)y)$$

用下画线标识出三个 β-可约项，最左、最外面的是 $((\lambda x.\lambda y.xy)((\lambda z.z)x))$，而最左、最里面的是 $((\lambda z.z)x)$。

定理 1.3 对任何 λ-项 M 和 N，如果 $M \longrightarrow_\beta^* N$ 并且 N 是一个范式，则存在一个从 M 到 N 的常序归约。

这个定理说明，如果一个 λ-项有范式，那么总是可以通过常序归约得到它。对一个普通的项进行常序归约，会得到下面两个结果之一：

- 规约终止并到达唯一的一个范式；
- 规约永远不终止。

不过，并不存在一个判定算法，能告诉我们任何一个给定的 λ-项依照常序归约会得到上面哪个结果。这里的原因在于，每个 λ-项对应一个图灵机定义的函数，而图灵机的停机问题是不可判定的。

前面介绍的两种归约策略与编程语言中函数的参数传递机制有关系。这里把 λ-抽象 $\lambda x.M$ 视为一个匿名函数，它的形式参数为 x，函数体为 M。

- **传名**（Call by name）与常序归约类似，但是不对 λ-抽象内部的项进行归约。这一限制对应的原则是函数只有在（β-归约中）被调用时才对函数体进行求值。如果采用传名机制，一个函数的实际参数在传递前不必进行求值，而是在函数体内部每次引用形式参数时才进行求值。这与常序归约选择最左最外的可约项想法是一致的。
- **传值**（Call by value）与应用序归约类似，但是不对 λ-抽象内部的项进行归约。应用序归约意味着先对一个函数的参数进行求值，然后才把这个函数作用到它的参数上。

练习 1.21 分别利用常序归约和应用序归约对下面的 λ-项进行归约化简。

$$(\lambda f.f(fx))((\lambda x.x)(\lambda x.x))$$

1.3　简单类型的 λ-演算

在介绍不带类型的 λ-演算时，讨论了函数而没有提及它们的定义域和值域。对任何 λ-项表示的函数，定义域和值域都是所有 λ-项组成的集合。现在为 λ-演算引入类型（type），并显式表示函数的定义域和值域。注意类型和集合的区别：类型是语法实体（syntactic object），可以讨论一种类型而不关心具有这种类型的元素，并可以把类型大致理解为集合的名字。

1.3.1　简单类型的项

通常将布尔类型、自然数类型这样不可拆分的类型称为基本类型。假设有一个基本类型的集合，用希腊字母 ι 代表一个基本类型。

定义 1.9　简单类型可以用下面的 BNF 定义:

$$A, B ::= \iota \mid A \to B \mid A \times B \mid 1$$

可以看出, 简单类型是从基本类型和 1 类型构造出来的, 其中 1 类型只有一个元素, 可以视为普通编程语言中的空类型 (void type) 或者单元类型 (unit type)。如果一个函数没有返回值, 可以说这个函数计算结果的类型为空类型或者单元类型。类型 $A \to B$ 是一类函数的类型, 其输入值类型为 A, 输出值类型为 B。类型 $A \times B$ 是二元组 $\langle x, y \rangle$ 的类型, 其中 x 的类型为 A, y 的类型为 B。

现在有 $\to$ 和 $\times$ 两个类型构造子 (constructor), 其中后者的优先级比前者高, 且 $\to$ 是右结合的。例如, $A \times B \to C \to D$ 表示 $(A \times B) \to (C \to D)$。

定义 1.10　原始的 (raw) 带类型 λ-项可以用下面的 BNF 定义:

$$M, N ::= x \mid MN \mid \lambda x^A.M \mid \langle M, N \rangle \mid \pi_1 M \mid \pi_2 M \mid *$$

与定义 1.1 相比, 现在有些变化。对于 λ-抽象, 用 $\lambda x^A.M$ 说明变量 x 的类型是 A。有时候我们不关心 x 的类型, 忽略上标 A 而与以前一样写作 $\lambda x.M$。另外, 我们增加了 3 个语法构造子: $\langle M, N \rangle$ 表示由 M 和 N 组成的二元组; $\pi_i M$ 是一个满足 $\pi_i \langle M_1, M_2 \rangle = M_i$ ($i = 1, 2$) 的投影; 项 $*$ 是类型 1 的唯一一个元素。自由和受限变量的概念与不带类型的 λ-演算中相同, 并且不区分 α-等价的项。

上面定义的项之所以被称为原始的项, 是因为没有对它们增加类型约束。为了避免一些无意义的项, 比如 $\pi_2(\lambda x.M)$, 引入一套类型系统 (type system), 它是通过表 1.2 中的类型规则 (typing rules) 定义出来的。

表 1.2　简单类型 λ-演算的类型规则

规则	关系式	规则	关系式
(T_v)	$\dfrac{}{\Gamma, x : A \vdash x : A}$	(T_{pj1})	$\dfrac{\Gamma \vdash M : A \times B}{\Gamma \vdash \pi_1 M : A}$
(T_{ap})	$\dfrac{\Gamma \vdash M : A \to B \quad \Gamma \vdash N : A}{\Gamma \vdash MN : B}$	(T_{pj2})	$\dfrac{\Gamma \vdash M : A \times B}{\Gamma \vdash \pi_2 M : B}$
(T_{ab})	$\dfrac{\Gamma, x : A \vdash M : B}{\Gamma \vdash \lambda x^A.M : A \to B}$	(T_s)	$\dfrac{}{\Gamma \vdash * : 1}$
(T_p)	$\dfrac{\Gamma \vdash M : A \quad \Gamma \vdash N : B}{\Gamma \vdash \langle M, N \rangle : A \times B}$		

用记号 $M : A$ 表示项 M 的类型是 A。类型规则是通过类型判断 (typing judgments) 表述的。一个类型判断是下面形式的表达式:

$$x_1 : A_1, x_2 : A_2, \cdots, x_n : A_n \vdash M : A.$$

其意义是，对于 1 和 n 之间的任何 i，假设 x_i 的类型是 A_i，那么项 M 是一个良类型（well typed）的项，它的类型是 A。项 M 中出现的自由变量应该包含在 $x_1, x_2, \cdots, x_n$ 中。也就是说，在决定项 M 的类型之前，必须知道它的所有自由变量的类型。

类型判断的左边是形如 $x_1 : A_1, x_2 : A_2, \cdots, x_n : A_n$ 的假设，称为类型上下文（typing context），其中的每个 x_i 都与其他变量不同。这里用希腊字母 Γ 代表任意的类型上下文，用 Γ, Γ' 和 $\Gamma, x : A$ 表示类型上下文的拼接，其中涉及的变量名互相不同。如果一个类型上下文 Γ 是空的，其中没有任何变量，就把 $\Gamma \vdash M : A$ 简写为 $\vdash M : A$。

表 1.2 列出了简单类型 λ-演算的类型规则。规则（T_v）不依赖于任何假设，它是一条公理。如果在类型上下文中假设 x 的类型是 A，那么项 x 的类型就是 A。规则（T_{ap}）说明可以把一个类型为 $A \to B$ 的函数作用到类型为 A 的参数上，得到的结果具有类型 B。规则（T_{ab}）说明如果项 M 的类型是 B，其中可能有 A 类型的自由变量 x，那么 $\lambda x^A.M$ 是一个类型为 $A \to B$ 的函数。规则（T_p）说明把类型分别为 A 和 B 的两个项组合成一个二元组以后，结果的类型为 $A \times B$。与之对应的是规则（T_{pj1}）和（T_{pj2}）：对类型为 $A \times B$ 的项进行左投影，得到的项类型为 A，进行右投影得到类型为 B 的项。规则（T_s）说明 $*$ 是类型为 1 的项。

例 1.9　对于项 $\lambda x^{A \to A}.x((\lambda y^A.xy)z)$，一个可能的类型是 $(A \to A) \to A$，因为可以推导出下面的类型判断。

$$z : A \vdash \lambda x^{A \to A}.x((\lambda y^A.xy)z) : (A \to A) \to A$$

具体的类型推导过程以这个类型判断为根，反复利用表 1.2 中的规则，自底向上建立下面的推导树，其中的类型上下文 Γ 表示 $z : A, x : A \to A$。

$$\cfrac{\cfrac{\cfrac{\cfrac{\Gamma, y : A \vdash x : A \to A \quad \Gamma, y : A \vdash y : A}{\Gamma, y : A \vdash xy : A}}{\Gamma \vdash \lambda y^A.xy : A \to A} \quad \cfrac{}{\Gamma \vdash z : A}}{\cfrac{}{\Gamma \vdash x : A \to A} \quad \Gamma \vdash (\lambda y^A.xy)z : A}}{\cfrac{\Gamma \vdash x((\lambda y^A.xy)z) : A}{z : A \vdash \lambda x^{A \to A}.x((\lambda y^A.xy)z) : (A \to A) \to A}}$$

注意观察表 1.2 中的类型规则，对每个不含投影构造子的 λ-项，有且只有一条规则对应于这个项的最外层语法构造子。在构造类型推导树时，采用自底向上的方式，根据当前被考虑的 λ-项的语法形式，选择并应用唯一一条规则，然后考虑规则前提中的 λ-项，继续往上推导。如果最后运用的是无前提的规则（即公理），例如（T_v）和（T_s），那么对当前项的类型推导结束，说明到达推导树的一个叶子节点。如果自底向上所有分支都到达叶子节点，则整个推导过程结束，完成这棵推导树的构造。

练习 1.22　为下面两个类型判断各构造一棵推导树。

（1）$\vdash \lambda f^{A \to A} x^A.f(f(fx)) : (A \to A) \to A \to A$

（2）$\vdash \lambda x^{A \times B}.\lambda f^{B \times A \to A}.f(\langle \pi_2 x, \pi_1 x \rangle) : A$

练习 1.23　证明下面关于类型的简单性质:

（1）在给定的类型上下文 Γ 下，一个项 M 最多只有一个类型。

（2）如果 $\Gamma \vdash M : A$ 而 Γ' 是 Γ 的任何一个排列（例如，$\Gamma = x : A, y : B, z : C$ 的一个可能的排列是 $\Gamma' = y : B, z : C, x : A$），那么 $\Gamma' \vdash M : A$。

（3）如果 $\Gamma \vdash M : A$ 且 x 不在 Γ 中出现，那么对任何类型 B 都有 $\Gamma, x : B \vdash M : A$ 成立。

练习 1.24　证明如下性质: 对任何项 M、N 和类型 A、B，如果 $x : A \vdash M : B$ 且 $\vdash N : A$，那么 $\vdash M[N/x] : B$ 成立。也就是说，如果 M 是一个良类型的项，把其中出现的自由变量 x 替换成一个与它同类型的项 N，得到的 $M[N/x]$ 还是一个良类型的项。

1.3.2　归约

对于简单类型的 λ-演算，需要扩展不带类型 λ-演算中的 β-归约和 η-归约的规则，以处理二元组和投影形式的项。

定义 1.11　为简单类型的 λ-演算引入下面这些 β-归约和 η-归约的规则:

$$
\begin{aligned}
(\lambda x^A.M)N &\longrightarrow_\beta M[N/x] \\
\pi_1\langle M, N\rangle &\longrightarrow_\beta M \\
\pi_2\langle M, N\rangle &\longrightarrow_\beta N \\
\lambda x^A.Mx &\longrightarrow_\eta M \qquad \text{其中} x \notin FV(M) \\
\langle \pi_1 M, \pi_2 M\rangle &\longrightarrow_\eta M \\
M &\longrightarrow_\eta * \qquad \text{若} \vdash M : 1
\end{aligned}
$$

以及下面几条新的同余规则:

$$
\frac{M \longrightarrow_{\beta\eta} M'}{\langle M, N\rangle \longrightarrow_{\beta\eta} \langle M', N\rangle} \qquad\qquad \frac{N \longrightarrow_{\beta\eta} N'}{\langle M, N\rangle \longrightarrow_{\beta\eta} \langle M, N'\rangle}
$$

$$
\frac{M \longrightarrow_{\beta\eta} M'}{\pi_1 M \longrightarrow_{\beta\eta} \pi_1 M'} \qquad\qquad \frac{M \longrightarrow_{\beta\eta} M'}{\pi_2 M \longrightarrow_{\beta\eta} \pi_2 M'}
$$

关于归约的一条重要性质是<u>主体归约</u>（subject reduction），其含义是说良类型的项只会归约到良类型的项，而且保持类型不变。这在程序设计中有明显的应用，例如，一个返回类型是整型的程序，执行结束之后返回的值应该是一个整数，而不是一个浮点数。

定理 1.4 (主体归约)　如果 $\Gamma \vdash M : A$ 并且 $M \longrightarrow_{\beta\eta} M'$，那么 $\Gamma \vdash M' : A$。

我们用 $\lambda^{\to,\times,1}$-演算指代上面介绍的简单类型的 λ-演算，用 $\lambda^{\to,\times}$-演算指代它的子语言，其中去掉了类型 1 和项 $*$。

定理 1.5　在 $\lambda^{\to,\times,1}$-演算中，邱奇-罗索性质对 β-归约成立; 在 $\lambda^{\to,\times}$-演算中，邱奇-罗索性质对 $\beta\eta$-归约成立。

在 $\lambda^{\to, \times, 1}$-演算中，邱奇-罗索性质对 $\beta\eta$-归约不成立，主要原因是定义 1.11中的最后一条 η-归约规则。假设 x 是一个类型为 1×1 的变量，则有下面的归约：

$$\langle \pi_1 x, \pi_2 x \rangle \longrightarrow_\eta x$$
$$\langle \pi_1 x, \pi_2 x \rangle \longrightarrow_\eta \langle *, \pi_2 x \rangle \longrightarrow_\eta \langle *, * \rangle$$

从项 $\langle \pi_1 x, \pi_2 x \rangle$ 出发，可得到两个不同的 $\beta\eta$-范式：x 和 $\langle *, * \rangle$。

1.3.3　正规化

有时候我们会关心这样一个问题：从给定的一个 λ-项出发进行 β-归约，是否总能到达一个范式？

定义 1.12　给定一个项 M，如果存在一个有限长的归约序列

$$M \longrightarrow M_1 \longrightarrow M_2 \longrightarrow \cdots \longrightarrow M_n$$

使得 M_n 是一个范式，就称 M 是弱正规化（weakly normalizing）的。如果从 M 出发的每个归约序列都是有限长度的，或者说从 M 出发不存在无限的归约序列，就称 M 是强正规化（strongly normalizing）的。

根据定义可知一个强正规化的项必定是弱正规化的，反之则不一定成立。

下面看几个不带类型的 λ-演算中的项。

（1）我们曾见过项 $(\lambda x.xx)(\lambda x.xx)$，其做一步 β-归约以后回到自身，不能到达其他项，因此只能产生无限的归约序列。这个项不是弱正规化的，当然更不是强正规化的。

（2）考虑项 $(\lambda xy.y)((\lambda x.xx)(\lambda x.xx))$，它可以归约到范式 $\lambda y.y$，但也有一个无限的归约序列，因此是弱正规化的，而不是强正规化的。

（3）考虑项 $(\lambda xy.y)((\lambda x.xx)(\lambda x.x))$，它有不同的归约序列，但都是有限的，且归约到共同的范式 $\lambda y.y$，因此是强正规化的。

上面的例子都是不带类型的 λ-演算中的项。对于简单类型的 λ-演算，情况会不一样。类似 xx 形式的项都不是良类型的，被类型系统所排除。

定理 1.6　在简单类型的 λ-演算中，所有良类型的项都是强正规化的。

这个定理的证明并不简单，有兴趣的读者可以试一试。参考文献 [8] 给出了一个详细证明。

练习 1.25　下面的 λ-项哪些是弱正规化的？哪些是强正规化的？

（1）$(\lambda x.xxx)(\lambda x.xxx)$

（2）$(\lambda x.xx)(\lambda ab.bbb)$

（3）$(\lambda xy.x)((\lambda x.xxx)(\lambda x.xxx))$

（4）$(\lambda xy.x)(\lambda x.xxx)(\lambda x.xxx)$

（5）$(\lambda f.(\lambda x.f(\lambda y.xxy))(\lambda x.f(\lambda y.xxy)))(\lambda a.a)(\lambda b.b)$

（6）$(\lambda f.(\lambda x.f(\lambda y.xxy))(\lambda x.f(\lambda y.xxy)))(\lambda a.\lambda b.b)(\lambda b.b)$

1.4　F 系统

F 系统实际上指多态类型的 λ-演算，在 20 世纪 70 年代由法国计算机科学家 Jean-Yves Girard 和美国计算机科学家 John Reynolds 各自独立提出。下面简要介绍它的语法和语义。

1.4.1　语法

与简单类型的 λ-演算相比，F 系统的主要区别是允许一种新的函数，可以把类型而不是普通的项作为函数参数。这样的一个函数可以看作一族用类型作为指标（index）的项。

假定有一个由类型变量组成的可数集合，用 α、β 代表这个集合中的元素。系统 F 的类型由下面的 BNF 生成。

$$A, B ::= \alpha \mid A \to B \mid \forall \alpha.A$$

其中 α 是类型变量，$A \to B$ 仍然是函数类型，而形如 $\forall \alpha.A$ 的类型称为一个<u>全称类型</u>（universal type）。出现在 $\forall \alpha.A$ 中的类型变量 α 是受限的。如果两个类型只是受限的类型变量不同，如 $\forall \alpha.\ \alpha \to \alpha \to \alpha$ 和 $\forall \beta.\ \beta \to \beta \to \beta$，就把它们视为相同的类型。任意给定一个类型 A，若用记号 $\mathrm{FTV}(A)$ 代表 A 中所有自由的类型变量的集合，则可以归纳定义如下：

$$\mathrm{FTV}(\alpha) = \{\alpha\}$$
$$\mathrm{FTV}(A \to B) = \mathrm{FTV}(A) \cup \mathrm{FTV}(B)$$
$$\mathrm{FTV}(\forall \alpha.A) = \mathrm{FTV}(A) \backslash \{\alpha\}\ .$$

通常用记号 $A[B/\alpha]$ 表示把类型 A 中所有自由出现的变量 α 替换成 B 而得到的类型。与 1.2.3 节中 λ 项的替换类似，类型替换也必须是免捕获的。

F 系统中的项定义如下：

$$M, N ::= x \mid MN \mid \lambda x^A.M \mid MA \mid \Lambda \alpha.M$$

前三种类型的项看起来很熟悉，因为在简单类型的 λ-演算中已经见过。新的项 MA 是<u>类型作用</u>（type application），它把类型函数 M 作用到特定类型 A 上。项 $\Lambda \alpha.M$ 是<u>类型抽象</u>（type abstraction），它代表一个把类型 α 映射到项 M 的类型函数。对于后面两种类型的项，分别定义新的类型规则 (T_{tyap}) 和 (T_{tyab})。

$$(T_{tyap}) \quad \frac{\Gamma \vdash M : \forall \alpha.A}{\Gamma \vdash MB : A[B/\alpha]}$$

$$(T_{tyab}) \quad \frac{\Gamma \vdash M : A \qquad \alpha \notin \mathrm{FTV}(\Gamma)}{\Gamma \vdash \Lambda \alpha.M : \forall \alpha.A}$$

在规则 (T_{tyab}) 中，用 $\mathrm{FTV}(\Gamma)$ 代表类型上下文 Γ 中所有自由出现的类型变量的集合。

1.4.2 语义

由于类型作用和类型抽象的存在，在简单类型 λ-演算的归约语义基础上各引入一条新的 β-归约和 η-归约的规则，以及两条同余规则。这里用记号 $M[A/\alpha]$ 表示对项 M 中的类型变量 α 应用免捕获的替换，换成类型 A。

$$\frac{}{(\Lambda\alpha.M)A \longrightarrow_\beta M[A/\alpha]} \qquad \frac{\alpha \notin \mathrm{FTV}(M)}{\Lambda\alpha.M\alpha \longrightarrow_\eta M}$$

$$\frac{M \longrightarrow_{\beta\eta} M'}{MA \longrightarrow_{\beta\eta} M'A} \qquad \frac{M \longrightarrow_{\beta\eta} M'}{\Lambda\alpha.M \longrightarrow_{\beta\eta} \Lambda\alpha.M'}$$

与不带类型的 λ-演算类似，可以定义一些常用的数据类型。例如，自然数类型可以被定义为 $\forall\alpha.(\alpha \to \alpha) \to \alpha \to \alpha$，相应的邱奇数为

$$\overline{0} \overset{\mathrm{def}}{=} \Lambda\alpha.\lambda f^{\alpha\to\alpha}.\lambda x^\alpha.x$$
$$\overline{1} \overset{\mathrm{def}}{=} \Lambda\alpha.\lambda f^{\alpha\to\alpha}.\lambda x^\alpha.fx$$
$$\overline{2} \overset{\mathrm{def}}{=} \Lambda\alpha.\lambda f^{\alpha\to\alpha}.\lambda x^\alpha.f(fx)$$
$$\vdots$$

如果略去所有的类型和类型抽象，这些项正好就是不带类型的 λ-演算中对自然数的邱奇编码。

在 F 系统中没必要引入积类型 $A \times B$，因为它可以被定义出来。令

$$A \times B \overset{\mathrm{def}}{=} \forall\alpha.(A \to B \to \alpha) \to \alpha$$
$$\langle M, N \rangle \overset{\mathrm{def}}{=} \Lambda\alpha.\lambda f^{A\to B\to\alpha}.fMN$$
$$\pi_1 \overset{\mathrm{def}}{=} \Lambda\alpha.\Lambda\beta.\lambda p^{\alpha\times\beta}.p\alpha(\lambda x^\alpha.\lambda y^\beta.x)$$
$$\pi_2 \overset{\mathrm{def}}{=} \Lambda\alpha.\Lambda\beta.\lambda p^{\alpha\times\beta}.p\beta(\lambda x^\alpha.\lambda y^\beta.y)$$

则有下面的推导结果：

$$\begin{aligned}
&\pi_1 AB\langle M, N \rangle \\
\equiv\ & (\Lambda\alpha.\Lambda\beta.\lambda p^{\alpha\times\beta}.p\alpha(\lambda x^\alpha.\lambda y^\beta.x))AB(\Lambda\alpha.\lambda f^{A\to B\to\alpha}.fMN) \\
\longrightarrow_\beta^2\ & (\lambda p^{A\times B}.pA(\lambda x^A.\lambda y^B.x))(\Lambda\alpha.\lambda f^{A\to B\to\alpha}.fMN) \\
\longrightarrow_\beta\ & (\Lambda\alpha.\lambda f^{A\to B\to\alpha}.fMN)A(\lambda x^A.\lambda y^B.x) \\
\longrightarrow_\beta\ & (\lambda f^{A\to B\to A}.fMN)(\lambda x^A.\lambda y^B.x) \\
\longrightarrow_\beta\ & (\lambda x^A.\lambda y^B.x)MN \\
\longrightarrow_\beta^2\ & M
\end{aligned}$$

在上面的推导过程中，用记号 $\longrightarrow_\beta^2$ 表示两步 β-归约。根据类似的推导可以得出 $\pi_2 AB\langle M, N \rangle \longrightarrow_\beta^* N$。

与简单类型的 λ-演算一样，F 系统仍然有邱奇-罗索性质和强正规化性质。

定理 1.7 在 F 系统中，邱奇-罗索性质对 β-归约和 $\beta\eta$-归约都成立。

定理 1.8 在 F 系统中，所有良类型的项都是强正规化的。

练习 1.26 在 F 系统中定义布尔类型，以及三个项 **T**、**F**、**if_then_else**，分别编码"真"值、"假"值、条件分支。

第 2 章 Coq

Coq是一个交互式的<u>定理证明器</u>（theorem prover），可以表达数学<u>断言</u>（assertion），检查对断言的证明，或通过与用户交互，找到形式化的证明。Coq 的基本工作原理基于<u>归纳构造演算</u>（calculus of inductive constructions），作为一种编程语言，Coq 是支持<u>依赖类型</u>（dependent types）的函数式编程语言；作为一个逻辑系统，它实现了一个高阶类型理论。Coq 的主要开发者是法国计算机科学家提耶里·柯康（Thierry Coquand，见图 2.1）。自从 1989 年 Coq 发布以来，Coq 一直都由法国 INRIA 研究所提供支持和更新，并在 2013 年获得 ACM 系统软件奖。Coq 提供了一种规范说明语言，称为 Gallina。本章主要从函数式编程的角度介绍它的用法。事实上，Coq 最主要的用途在于定理证明，2.9 节将会提到，更深入的介绍可参考文献 [4, 13]。

Thierry Coquand
(1961—)

图 2.1 Coq 的主要开发者

为了练习使用 Coq，建议从它的官方网站 `https://coq.inria.fr` 下载最新版的 Coq 集成开发环境 CoqIDE。

2.1 基本的函数式编程

Coq 的逻辑基础是归纳构造演算，其主要特征是广泛应用函数类型和归纳类型；前者在第 1 章已经讲过，本章重点介绍后者。我们先定义一些简单的数据类型，例如枚举类型、布尔类型和自然数类型。

枚举类型 在 Coq 中，很多类型可以归纳定义，其中最简单的是枚举类型。例如，一年中四个季节是确定的，那么可以定义一个 season 类型，包含 spring、summer、autumn 和 winter 四个数据值。具体的 Coq 定义如下：

```
Inductive season : Type :=
  | spring
  | summer
  | autumn
  | winter.
```

这个定义以关键字 Inductive 开头，说明是一个归纳定义，紧跟其后的 season : Type 声明 season 是新定义的一个类型。竖线隔开四种情况，spring、summer、autumn、winter 是<u>类型构造子</u>（type constructor），因为没带任何参数，所以可以简单理解为四个元素，它们组成一个集合，即名为 season 的类型所表示的集合。

有了数据类型 season 之后，可以定义一些函数来处理这种类型的数据。下面定义一个名为 opposite_season 的函数，对输入的一个季节，返回与它相反的季节，因此输入和输出的类型均为 season。换句话说，这个函数自身的类型是 season → season。

```
Definition opposite_season (s : season) : season :=
  match s with
  | spring => autumn
  | summer => winter
  | autumn => spring
  | winter => summer
  end.
```

在具体定义中我们以<u>模式匹配</u>（pattern matching）的方式区分 s 的不同形式。如果 s 是 spring，则返回 autumn；如果 s 是 summer，则返回 winter，以此类推。

为测试刚才定义的函数是否有预期的行为，可以用 Compute 命令对一个表达式进行求值。

```
Compute (opposite_season spring).
```

在 CoqIDE 中执行上述命令后返回结果为 autumn : season，即把返回的值 autumn 和它的类型 season 都打印出来。注意，这里写出的表达式 (opposite_season spring) 的意思是把函数 opposite_season 作用到参数 spring 上，这种写法与 λ-演算中的作用一样。下面再测试一个复杂表达式的求值。

```
Compute (opposite_season (opposite_season spring)).
```

执行这句命令后返回结果为 spring : season，如我们期望的一样。

布尔类型　布尔类型实际上是一个特殊的枚举类型，它只包含两个数据值，具体名称其实不重要，这里不妨称为 true 和 false。

```
Inductive bool : Type :=
  | true
  | false.
```

对布尔类型数据的常用操作（如"与""或""非"等）都容易定义。例如，我们定义函数 andb 表示"与"操作。这个函数输入两个参数 b1 和 b2，若 b1 的值为 true，则直接返回 b2 的值，否则返回 false。

```
Definition andb (b1 : bool) (b2 : bool) : bool :=
  match b1 with
  | true => b2
  | false => false
  end.
```

上面这个函数的两个输入参数类型相同，在 Coq 中可以写得紧凑一些，依次列出两个参数，中间用空格隔开，最后写上类型，如下面函数 andb' 的定义所示。

```
Definition andb' (b1 b2 : bool) : bool :=
  match b1 with
  | true => b2
  | false => false
  end.
```

另外，还可以用 Coq 中的 Notation 命令定义新的记号。

```
Notation "x && y" := (andb x y).
```

有个这个记号以后，将来如果写表达式 (b1 && b2)，那么代表的意思就是 (andb b1 b2)，这类似有些编程语言中的宏定义。

练习 2.1 把下面两个函数的定义补充完整，其中 negb 和 orb 分别表示"非"和"或"操作。

```
Definition negb (b : bool) : bool
Definition orb (b1 b2 : bool) : bool
```

练习 2.2 定义一个名为 Z2 的类型，其中包括两个数据值: zero 和 one，然后定义 Z2 上的模 2 加法，用记号 + 表示，最后证明下面四个等式成立。

```
Example testAdd1: zero + zero = zero.
Example testAdd2: zero + one = one.
Example testAdd3: one + zero = one.
Example testAdd4: one + one = zero.
```

自然数类型 在枚举类型中需要逐个列出该类型的数据值，这就意味着数据值的个数必须是有限的。由于自然数的个数是无限的，我们不可能都显式地枚举出来，因此需要找到一种有限表示。归纳的思想可帮助我们用有限的规则表示无限的数据。为了不覆盖 Coq 标准库中对自然数类型的定义，我们把 nat 的定义放到一个名为 Playground 的模块（module）中。

```
Module Playground.
Inductive nat : Type :=
  | O
  | S (n : nat).
End Playground.
```

上面这个定义给出自然数的一进制表示（unary representation），其中用到两个构造子：O 表示自然数 0；S 表示后继函数，如果 n 是一个自然数，则 S n 表示它的下一个自然数。换句话说，类型 nat 包含的数据值形式如下：

$$O, S\,O, S\,(S\,O), S\,(S\,(S\,O)), \cdots$$

对应通常的自然数 $0, 1, 2, 3, \cdots$。

```
Check S (S (S O)).
```

上面的 Check 命令带一个项作为参数，检查这个项是不是一个语法上合法的项，并显示它的类型。执行这条命令后，CoqIDE 输出 3 : nat，因为它自动把 S (S (S O)) 转化成十进制数 3。

对自然数上一些简单的函数，我们用模式匹配的方式定义。例如，下面的 pred2 函数取比当前输入数 n 小 2 的数，除特殊情况 n = 0 或 1，返回值都为 0。

```
Definition pred2 (n : nat) : nat :=
  match n with
  | O => O
  | S O => O
  | S (S n') => n'
  end.
```

为定义复杂一些的函数，仅用模式匹配还不够，需要递归定义，反映到语法层面就是定义的开头用关键字 Fixpoint 而不是 Definition。下面的函数 oddb 当输入参数 n 取 0 或者 1 时，直接判断出结果，否则，n 是不是奇数这件事情依赖于 n 之前第二个数字的奇偶性。

```
Fixpoint oddb (n : nat) : bool :=
  match n with
  | O => false
  | S O => true
  | S (S n') => oddb n'
  end.
```

如果一个函数的参数不止一个，那么用于模式匹配的参数选取可能不唯一。下面给出的加法函数的两种定义，都可以被 Coq 接受。

```
Fixpoint plus (n m : nat) : nat :=
  match n with
  | O => m
  | S n' => S (plus n' m)
  end.
```

```
Fixpoint plus' (n m : nat) : nat :=
  match m with
  | 0 => n
  | S m' => S (plus n m')
  end.
```

函数 plus 对第一个参数 n 进行递归定义，而 plus' 对第二个参数 m 进行递归，两者实现的功能是一样的。有时候可以同时对多个参数进行模式匹配，不同参数之间用逗号隔开。下面定义的减法函数演示了这一点，其中不重要的参数可以不写，改用占位符 "_" 代替。

```
Fixpoint minus (n m : nat) : nat :=
  match n, m with
  | 0 , _ => 0
  | S _ , 0 => n
  | S n', S m' => minus n' m'
  end.
```

当然，也可以把对多个参数的同时模式匹配改为嵌套的模式匹配。下面定义的函数 minus' 与 minus 是等效的。

```
Fixpoint minus' (n m : nat) : nat :=
  match n with
  | 0  => 0
  | S n' => match m with
            | 0 => n
            | S m' => minus' n' m'
            end
  end.
```

练习 2.3　定义乘法、幂和阶乘函数，使得 mult n m、exp n m 和 fact n 的值分别为 $n+m$，$n \times m$ 和 $n!$。

练习 2.4　定义函数 square，使得 square n 返回自然数 n 的平方，但是函数定义中不用乘法运算。

练习 2.5　定义三个自然数上的比较函数，使得

- eqb n m 返回布尔值 true 当且仅当 $n = m$；
- leb n m 返回布尔值 true 当且仅当 $n \leqslant m$；
- gtb n m 返回布尔值 true 当且仅当 $n > m$。

对每个函数，分别用同时模式匹配和嵌套模式匹配两种方式定义。

练习 2.6　定义函数 div2021，使得 div2021 n 返回 true 当且仅当 n 是 2021 的倍数。

练习 2.7　斐波那契数（Fibonacci numbers）的递推计算公式如下：

$$F(n) = \begin{cases} 0 & n = 0 \\ 1 & n = 1 \\ F(n-1) + F(n-2) & n > 1 \end{cases}$$

在 Coq 中定义一个函数 F，使得 F n 返回第 n 个斐波那契数。

练习 2.8　如果一个自然数所有数位上的数字之和是 5，则称它是一个和 5 数。例如，122 是一个和 5 数，但是 93 不是。定义函数 count 使得（count n）的结果为小于或等于 n 的和 5 数的个数。这里假定 $0 \leqslant n < 10000$。

结构归纳　重新回顾函数 plus 的定义，它对第一个参数 n 进行归纳。Coq 在检查这个定义的合法性时，需要确保符号 := 右边出现的 plus 的第一个参数变小。事实上，如果 n 匹配到的表达式是 S n'，那么 n' 是一个子表达式，结构变小了，因此这个定义是可以接受的。之所以要求递归定义中的参数变小，是为了保证所定义的函数对任何输入值的计算最后都会终止。

练习 2.9　考虑阿克曼函数（The Ackermann function），其定义如下。这个函数是否对任何输入都终止？尝试写出一个定义，看能否被 Coq 接受。如果不接受，那么是为什么？

$$A(m, n) = \begin{cases} n + 1 & m = 0 \\ A(m-1, 1) & m > 0 \text{ 且 } n = 0 \\ A(m-1, A(m, n-1)) & m > 0 \text{ 且 } n > 0 \end{cases}$$

柯里化　对于前面定义的函数 plus，我们可以用 Check 命令检查一下它的类型，得到的结果是 nat -> nat -> nat。这里出现的对类型的操作 "->" 是右结合的，所以 plus 函数实际的类型是 nat -> (nat -> nat)。于是我们可以把 plus 理解为一个单参数的函数：给定一个自然数，它的返回值也是一个单参数的函数，后者输入一个自然数然后返回另一个自然数。通常我们同时提供两个参数给 plus，但是也可以只提供一个参数，这称为部分作用（partial application）。

Haskell Curry
(1900—1982)
图 2.2　λ-演算的贡献者之一

```
Definition plus5 := plus 5.
Check plus5.
```

函数 plus5 的类型为 nat -> nat，把它作用到一个自然数 n 上得到的结果为 $5 + n$。例如，对 plus5 6 求值得到的结果为 11。类似 plus 这样带多个参数的函数，如果通过部分作用逐个处理单个参数，则称为函数的柯里化（currying）[①]。一般而言，利

[①] 柯里的全名为 Haskell Curry，是一位美国数学家和逻辑学家（图 2.2）。1990 年出现的纯函数式语言 Haskell 就是以柯里的名命名的，以纪念他对 λ-演算研究的重要贡献。

用柯里化可以从一个函数 $f : (A \times B) \to C$ 构造出另一个函数 $g : A \to (B \to C)$，使得 $g(x)(y) = f(x, y)$。反之，如果把类型 $A \to (B \to C)$ 解释成 $(A \times B) \to C$，即把两个参数当作一个二元组同时提供，不涉及部分作用，则这种处理方式称为函数的<u>去柯里化</u>（uncurrying）。

匿名函数　匿名函数（anonymous function）只在使用的时候构建，无须事先定义或给它一个名字。

```
Compute (fun n => n * n) 3.
(* = 9 : nat *)
```

这里出现的表达式 (fun n => n * n) 表示一个匿名函数，它对任何输入 n 返回结果 $n * n$。把这个函数作用到自然数 3，得到的结果为 9。

用 fun 定义的匿名函数是非递归的。如果要定义递归的匿名函数，需要用 fix 取代 fun。例如，在下面的定义中我们把一个递归的匿名函数赋值给 triple，而 f 的使用范围仅限于这个 fix 构造中。

```
Definition triple : nat -> nat :=
  fix f (n : nat) :=
    match n with
     |0 => 0
     | S n' => S (S (S (f n')))
    end.

Compute triple 5.
(* = 15 : nat *)
```

在练习 2.9 中，如果引入一个辅助的递归匿名函数，则阿克曼函数可以被定义出来。

种类　在大部分类型理论中，比如在第 1 章介绍过的简单类型的 λ-演算和 F 系统，类型和项之间有明显的语法区别，但在 Coq 中这两者都是用相同的语法构造创建的。因此，一个类型也被视为一个项。但这样带来一个问题：既然类型也是项，那么类型的类型是什么？答案是<u>种类</u>（sort）。

在 Coq 中有一个预先定义的种类是 Set，它主要用于描述数据类型和程序规范（program specification）。

```
Check nat.
(* nat : Set *)
Check ((nat -> nat) -> nat).
(* (nat -> nat) -> nat : Set *)
```

作为一个项，Set 也得有一个类型，同理，这个类型自身也有类型，以此类推，有无穷多层的种类，记作 Type(i)，其中 $i \in \mathbb{N}$，且满足如下关系：

$$\text{Set} \quad : \quad \text{Type}(i) \qquad （对任何 i）$$
$$\text{Type}(i) \quad : \quad \text{Type}(j) \qquad （i < j）$$

如此一来，我们对所有项进行了分层。

第 0 层：基本的数据值和程序，例如 O、S、plus、fun n => plus n n 等。

第 1 层：数据类型和程序规范，例如 season、nat -> nat -> bool 等。

第 2 层：Set 和将来要介绍的逻辑命题的类型 Prop。

第 3 层：Type(0)。

第 4 层：Type(1)。

第 5 层：Type(2)。

......

　　每个处在第 i 层的项有 Type($i+1$)、Type($i+2$) 等许多不同的类型，但 Coq 对用户隐藏了指标 i 而把它们都简写成 Type。

```
Check Type.
(* Type : Type *)
```

　　这里实际表达的意义为 Type(i) : Type($i+1$)，其中 i 是一个变量。

2.2　归约规则

　　前面已经定义了一些函数，有时为了测试这些定义是否正确，会把函数作用到适当的参数上，然后观察计算结果。比如，我们希望通过计算表达式 plus 3 7 的值，得到结果 10。在 Coq 中，计算是由一步步的归约实现的，这一点和 λ-演算类似。通过事先设计好的归约规则，对良类型的表达式进行归约的过程就是正规化操作，我们可以执行 Eval 命令来查看正规化的结果。

　　具体而言，Coq 中有四种归约规则，分别是 δ-归约、β-归约、ζ-归约和 ι-归约，下面逐一介绍。

　　δ-归约用于把一个标识符替换为它的定义。如果 t 是一个表达式，x 是一个标识符，其定义的值是 v，那么 δ-归约的结果为 $t[v/x]$，即对 t 进行免捕获替换。在下面的例子中，我们定义了两个函数标识符：selfplus 和 twicefun。关键字 delta 后面跟一列标识符，它们各自需要按定义展开。如果不写这个列表，则所有的标识符都按定义展开。关键字 cbv 说明所用的归约策略是传值（call by value）。需要注意的是，这里的传值和 λ-演算中的传值（见 1.2.9 节）不一样，因为前者允许对匿名函数的函数体进行化简而后者不行。例如，下面的命令执行后会把 1+2 化简为 3。

```
Eval cbv in (fun n: nat => 1 + 2).
(* = fun _ : nat => 3 : nat -> nat *)
```

```
Fixpoint selfplus (n : nat) : nat :=
  match n with
  | 0 => 0
  | S n' => S (S (selfplus n'))
  end.

Definition twicefun (f : nat->nat)(n : nat) : nat :=
  let g (m : nat) := f (f m)
  in g n.

Eval cbv delta [twicefun] in (twicefun selfplus 3).
(* = (fun (f : nat -> nat) (n : nat) =>
  let g := fun m : nat => f (f m) in g n) selfplus 3 : nat *)

Eval cbv delta in (twicefun selfplus 3).
(* = (fun (f : nat -> nat) (n : nat) =>
    let g := fun m : nat => f (f m) in g n)
      (fix selfplus (n : nat) : nat :=
        match n with
        | 0 => 0
        | S n' => S (S (selfplus n'))
        end) 3
  : nat *)
```

β-归约把形如 "(fun $x : T \Rightarrow t)v$" 的表达式变换为 $t[v/x]$。下面的例子对标识符 twicefun 进行了 δ-归约，此外还进行了两步 β 归约。

```
Eval cbv beta delta [twicefun] in (twicefun selfplus 3).
(* = let g := fun m : nat => selfplus (selfplus m) in g 3
  : nat *)
```

ζ-归约把形如 "let $x := v$ in t" 的表达式转换为 $t[v/x]$。

```
Eval cbv zeta delta [twicefun] in (twicefun selfplus 3).
(* = (fun (f : nat -> nat) (n : nat) =>
      (fun m : nat => f (f m)) n) selfplus 3 : nat *)

Eval cbv beta zeta delta  [twicefun] in (twicefun selfplus 3).
(* = selfplus (selfplus 3) : nat *)
```

ι-归约用于对递归定义的程序进行计算，特别是对模式匹配构造的化简。在下面的例子中，我们利用 ι-归约实现对递归函数 selfplus 的求值。注意，关键字 compute 可以看成 cbv iota beta zeta delta 的缩写。也可以直接用命令 Compute 得到归约后的结果。

```
Eval cbv beta zeta iota delta  [twicefun selfplus] in
  (twicefun selfplus 3).
(* = 12 : nat*)

Eval compute in (twicefun selfplus 3).
(* = 12 : nat*)

Compute twicefun selfplus 3.
(* = 12 : nat*)
```

有时候，模式匹配构造经过 ι-归约化简后甚至会消失。在下面的例子中，虽然模式匹配构造中有两种情况，但实际上只有第二种情况会匹配成功，Coq 直接把 id 化简为恒等函数。

```
Definition id (n: nat): nat :=
  match (S n) with
  | 0 => 0
  | S m => m
  end.

Eval cbv iota delta [id] in (id).
(* = fun n : nat => (fun m : nat => m) n  : nat -> nat *)
```

2.3　列表

二元组　2.1 节介绍的布尔类型和自然数类型都是基本数据类型。现在从基本类型出发构造复杂一些的类型。我们先定义二元组（pair）类型，它包含的每一个元素是一对自然数。

```
Inductive natpair : Type :=
  | pair (n1 n2 : nat).
```

类型 natpair 只有一个构造子 pair，说明构造一对自然数的唯一方法是把 pair 作用到两个自然数上。我们可以用 Check 命令查看表达式 (pair 1 2) 的类型。

```
Check (pair 1 2) : natpair.
```

最好引入熟悉的记号 (x,y) 表示 pair x y。

```
Notation "( x , y )" := (pair x y).
```

练习 **2.10**　类型 natpair 中的元素是一对自然数 (x,y)，即 x 和 y 同为自然数。请定义一个新的二元组类型，使得 x 是一个自然数但 y 是一个布尔值。

下面定义两个投影（projection）函数，把给定的一对自然数投影到第一个或第二个组成数字上。

```
Definition proj1 (p : natpair) : nat :=
  match p with
  | (x,y) => x
  end.

Definition proj2 (p : natpair) : nat :=
  match p with
  | (x,y) => y
  end.
```

这两个投影函数的定义充分利用模式匹配，分别把 (x,y) 变换成 x 和 y。下面的例子测试如何把一对数字 (1，2) 变成 (2，1)。

```
Compute (proj2 (1, 2), proj1 (1, 2)).
```

列表　通过推广二元组类型，可以构建三元组、四元组等，更一般的情况是列表，其长度可以变化。简单而言，由自然数组成的一个列表或者是空表，或者是由一个自然数和另一个列表组成的二元组。我们在模块 NatList 中定义自然数列表类型。

```
Module NatList.
Inductive natlist : Type :=
  | nil
  | cons (n : nat) (l : natlist).
```

这个定义中用到两个构造子：nil 表示空表；cons 把自然数 n 和列表 l 组合成一个更长的列表 cons n l。下面是一个长度为 3 的列表：

```
Definition alist := cons 1 (cons 3 (cons 5 nil)).
```

引入中缀操作符记号 :: 和方括号表示列表。

```
Notation "x :: l" := (cons x l)
                     (at level 60, right associativity).
Notation "[ ]" := nil.
Notation "[ x ; .. ; y ]" := (cons x .. (cons y nil) ..).
```

在记号 :: 的定义中，标记 level 用于指定操作符的优先级；Coq 使用的优先级数字可从 0 到 100，数字越小优先级越高。另外，associativity 用于规定操作符的结合性，这里要求 :: 满足右结合性。利用这些记号，定义 3 个简单列表，它们实际上描述的是同一个列表。

```
Definition list1 := 1 :: (3 :: (5 :: nil)).
Definition list2 := 1 :: 3 :: 5 :: nil.
Definition list3 := [1;3;5].
```

下面定义一些有用的函数，以便于对列表进行操纵。函数 repeat 有两个输入参数 n 和 count，它返回一个长度为 count 的列表，其中每个元素都是 n。

```
Fixpoint repeat (n count : nat) : natlist :=
  match count with
  | O => nil
  | S count' => n :: (repeat n count')
  end.
```

函数 length 可用于计算一个列表的长度。

```
Fixpoint length (l:natlist) : nat :=
  match l with
  | nil => O
  | h :: t => S (length t)
  end.
```

函数 hd 用于取一个列表的头元素，即第一个元素。由于空列表没有头元素，因此需要显式地提供一个头元素的默认值 default。函数 tl 用于取一个列表的尾列表，即除去头元素之外的剩余部分。

```
Definition hd (default : nat) (l : natlist) : nat :=
  match l with
  | nil => default
  | h :: t => h
  end.

Definition tl (l : natlist) : natlist :=
  match l with
  | nil => nil
  | h :: t => t
  end.
```

测试下面 3 条命令，得到期望的结果。注释 (* = 1 : nat *) 表明执行它前一条命令输出的值为 1，类型是 nat。

```
Compute hd 0 list3.
```

```
(* = 1 : nat *)
Compute hd 0 [].
(* = 0 : nat *)
Compute tl list3.
(* = [3;5] : natlist *)
```

函数 app 用于拼接（concatenate）两个列表，把第二个列表接在第一个列表尾部。

```
Fixpoint app (l1 l2 : natlist) : natlist :=
  match l1 with
  | nil => l2
  | h :: t => h :: (app t l2)
  end.
```

拼接操作有个常用的记号是 "++"。

```
Notation "x ++ y" := (app x y)
                     (right associativity, at level 60).
Compute list1 ++ list2.
(* = [1;3;5;1;3;5] : natlist *)
Compute [] ++ list1.
(* = [1;3;5] : natlist *)
```

函数 rev 的作用是对一个列表做整体倒置操作，从而使得原来的表头变成新表的最后一个元素。

```
Fixpoint rev (l:natlist) : natlist :=
  match l with
  | nil => nil
  | h :: t => rev t ++ [h]
  end.
Compute rev list1.
(* = [5;3;1] : natlist *)
End NatList.
```

练习 2.11 感兴趣的读者不妨在命令式语言（如 C++）中实现一个数组或者一个单链表的倒置操作，与函数 rev 对比，领略函数式编程代码的优雅之处。

练习 2.12 定义一个函数 createList，使得对于输入参数 n 返回一个列表记录从 1 到 n 的自然数。例如，(createList 5) 的返回结果为 [1;2;3;4;5]。

练习 2.13 定义一个函数 createList'，使得对于输入参数 n 返回一个列表，形如 $[1; 2; \cdots; (n-1); n; (n-1); \cdots; 2; 1]$。

练习 **2.14**　定义函数 `fib` 用于计算斐波那契数列。例如，(fib 8) 的计算结果为 [0;1;1;2;3;5;8;13;21]。

练习 **2.15**　假设序列 $F(n)$ 的定义如下：

$$F(n) = \begin{cases} 1 & 0 \leqslant n \leqslant 2 \\ F(n-1) + F(n-2) + F(n-3) & n > 2 \end{cases}$$

在 Coq 中定义函数 Seq 使得 (Seq n) 返回序列

$$[0; F(0); 1; F(1); 2; F(2); 3; F(3); \cdots; n; F(n)].$$

提示：可能需要先定义一个辅助函数。

练习 **2.16**　给定一个自然数列表 L，定义函数 (swap L) 使得 L 的首尾元素互换，其他元素不变。例如，

```
Example test_swap : swap [1;2;3;4;5] = [5;2;3;4;1].
Proof. reflexivity. Qed.
```

这里，前一行说明我们需要的性质，后一行告诉 Coq 我们将提供一个证明，所用的证明方法是等式的自反性（实际也包含对两边表达式的化简），然后 Qed 表明一个证明结束。

练习 **2.17**　定义函数 (total L) 以计算自然数列表 L 中所有元素的总和。例如，

```
Example test_total : total [1; 2; 3; 4; 5; 6; 7] = 28.
Proof. reflexivity. Qed.
```

练习 **2.18**　定义函数 (max L) 以寻找自然数列表 L 中最大的元素。例如，

```
Example test_max: max [1; 6; 3; 5; 7; 9; 2] = 9.
Proof. reflexivity. Qed.
```

练习 **2.19**　定义函数 exchange，使得 (exchange L) 交换列表 L 中最大元素和最小元素的位置并保持其他元素位置不变。这里假设列表 L 中的元素互不相同，且范围在 1 和 100 之间。例如，

```
Example changeTest : exchange [3;7;2;5;1;4;6] = [3;1;2;5;7;4;6].
Proof. reflexivity. Qed.
```

练习 **2.20**　定义函数 squared 使得 (squared n) 的结果为 true，当且仅当 n 是一个平方数。

练习 2.21 给定一个自然数 d 和自然数列表 L，定义函数 (ht d L)，使其返回一对自然数 (a, b)，其中 a 和 b 分别是列表 L 的第一个元素和最后一个元素。若 L 是空列表，则返回 (d, d)。例如，

```
Example test_ht1 : ht 0 [] = (0,0).
Proof. reflexivity. Qed.
Example test_ht2 : ht 0 [3] = (3,3).
Proof. reflexivity. Qed.
Example test_ht3 : ht 0 [1;2;3;4] = (1,4).
Proof. reflexivity. Qed.
```

练习 2.22 设计一个排序算法，把一个存储自然数的列表按升序次序进行排序。

练习 2.23 定义类型 btree 表示这样的二叉树：其叶子节点不存储任何数，每个内部节点存储一个自然数。补充完全下面的定义，使得 (occur n t) 返回 true 当且仅当自然数 n 在二叉树 t 中出现；(countEven t) 返回这棵树上偶数出现的次数；(sum t) 返回这棵树上所有数字之和；(preorder t) 返回这棵树前序遍历得到的自然数列表。

```
Fixpoint occur (n: nat)(t: btree) : bool
Fixpoint countEven (t : btree) : nat
Fixpoint sum (t: btree) : nat
Fixpoint preorder (t: btree) : list nat
```

假设我们希望定义一棵普通的树，不一定是二叉树，每个节点的儿子节点个数不一定都相同，比较方便的处理方式是以相互递归的形式同时定义树和森林两种数据类型。例如，我们认为一棵树由一个根节点和一片森林组成，而一片森林由若干棵树组成，具体实现为一个列表，其中每个元素为一棵树。

```
Inductive tree : Set :=
  | node : nat -> forest -> tree
with forest : Set :=
  | fnil : forest
  | fcons : tree -> forest -> forest.
```

定义好 tree 数据类型以后，可以定义树上的一些操作。例如，函数 tree_size 的功能是计算一棵树上节点的总数目，它和函数 forest_size 是相互递归定义的。

```
Fixpoint tree_size (t : tree) : nat :=
  match t with
  | node a f => S (forest_size f)
  end
 with forest_size (f : forest) : nat :=
```

```
match f with
| fnil => 0
| fcons t f' => (tree_size t + forest_size f')
end.
```

练习 2.24　我们希望对 `tree` 类型的树进行前序遍历，得到一个自然数列表，应该如何修改练习 2.23中的 `preorder` 函数？

2.4　规则归纳

回顾前几节内容，可以发现像布尔类型、自然数类型、列表类型等很多数据类型的定义中都用到不同的构造子。如果现在有一种新的类型需要定义，如何寻找合适的构造子呢？为回答这个问题，有必要了解规则归纳的思想。

我们都知道，自然数集合 $\mathbb{N}$ 包含无限多个元素，不可能直接把它们一一列出来，为此有一种间接的方式：设计两条规则。

$$(O)\ \frac{}{O \in \mathbb{N}} \qquad\qquad (S)\ \frac{n \in \mathbb{N}}{S\ n \in \mathbb{N}}$$

规则 (O) 没有前提，实际上是一条公理，说明 O 属于自然数集合；规则 (S) 则说明在已知 n 是自然数的前提下，可以得知 $S\ n$ 也是自然数。这两条规则给出用一进制方式归纳表示自然数的方法，其中规则 (O) 是归纳的基础，规则 (S) 是归纳步骤。从前一条规则出发，反复应用第二条规则，可以把任何一个想要的自然数都表示出来。这种利用若干条规则归纳定义一个数学对象的方法称为<u>规则归纳</u>（rule induction）。一旦有了规则，很容易在 Coq 中写出归纳定义。例如，上面两条规则 (O) 和 (S) 的结论分别对应 2.1 节 `nat` 类型定义中的两个构造子 `O` 和 `S`。

对于布尔类型，因为它只包含两个常量，所以用规则定义时只需下面两条公理作为归纳基础，无须归纳步骤。

$$(T)\ \frac{}{\text{true} \in \mathbb{B}} \qquad\qquad (F)\ \frac{}{\text{false} \in \mathbb{B}}$$

这里，符号 $\mathbb{B}$ 代表集合 {true, false}。根据这两条公理在 Coq 中写出的布尔类型定义，有 `true` 和 `false` 两个构造子。我们注意到，这两个构造子都不带参数，和 `nat` 类型中的 `O` 一样，而构造子 `S` 需要类型为 `nat` 的参数 `n`，因为规则 (S) 代表归纳步骤，根据自然数 n 构造下一个自然数 $S\ n$。

同理，任何一个存储自然数的长度有限的列表可以由下面两条规则生成。

$$(N)\ \frac{}{\text{nil} \in \mathbb{L}} \qquad\qquad (C)\ \frac{n \in \mathbb{N} \quad l \in \mathbb{L}}{\text{cons}\ n\ l \in \mathbb{L}}$$

最后这条规则比之前碰到的情况略微复杂一些，因为其结论中出现 n 和 l 两个参数，而且类型不同，但我们依然可以对应写出 2.3 节中 `natlist` 类型的第二个构造子 `cons`。

需要注意的是，对规则的描述有各种方式。例如，定义 1.1用 BNF 生成 λ 项，不过我们可以等效地写出如下三条规则：

$$\frac{x \in \mathcal{V}}{x \in \Lambda} \qquad \frac{M, N \in \Lambda}{(MN) \in \Lambda} \qquad \frac{x \in \mathcal{V} \quad M \in \Lambda}{(\lambda x.M) \in \Lambda}$$

其中第一条规则是归纳的基础，它依赖于变量集合 $\mathcal{V}$；后面两条规则表示有两种情况的归纳步骤。

练习 2.25　根据上面三条规则，在 Coq 中定义 LambdaTerms 类型，使得所有合法的 λ 项都具有这种类型。

练习 2.26　用规则归纳的方法定义这类二叉树的集合：叶子节点不存储任何数，而每个内部节点存储一个自然数。与练习 2.23中定义的类型 btree 做比较。

2.5　多态列表

2.3节讨论了自然数列表，但如果希望构造一个存储布尔值的列表，则需要定义一个新的类型，比如下面的 boollist。

```
Inductive boollist : Type :=
  | bnil
  | bcons (b : bool) (l : boollist).
```

对这个新定义的类型，相应的操纵布尔值列表的函数如 hd、tl、length 等都需要重新定义。为避免这样重复性的工作，Coq 支持<u>多态类型</u>（polymorphic type）。例如，多态列表类型可以定义如下。

```
Inductive list (X:Type) : Type :=
  | nil
  | cons (x : X) (l : list X).
```

我们发现上述定义和 natlist 的定义很类似，区别在于现在参数中有一个类型变量 X，同时构造子 cons 的参数类型中 nat 和 natlist 分别被 X 和 list X 替代。如果用 Check 命令检查一下 list 的类型，Coq 会告诉我们这是一个函数类型 Type -> Type。对于任何类型 X，类型 list X 包含元素类型都为 X 的列表。

```
Check list.
(* list : Type -> Type *)
```

现在 list 的两个构造子 nil 和 cons 也是多态的。为使用它们，必须提供一个类型参数，代表所希望构建的列表中元素的类型。

```
Check (nil nat).
(* nil nat : list nat *)
```

```
Check (cons bool true (nil bool)).
(* cons bool true (nil bool) : list bool *)
```

如果检查 nil 和 cons 的类型，可以发现 Coq 返回的结果分别是 forall X : Type, list X 和 forall X : Type, X -> list X -> list X 类型。

```
Check nil.
(* nil : forall X : Type, list X *)
Check cons.
(* cons : forall X : Type, X -> list X -> list X *)
```

为把之前定义的 repeat 函数改造成一个适合多态列表的多态函数，需要提供一个类型参数，用大写字母 X 表示。

```
Fixpoint repeat (X : Type) (x : X) (count : nat) : list X :=
  match count with
  | 0 => nil X
  | S count' => cons X x (repeat X x count')
  end.
```

为利用 repeat 构造一个元素为特定类型的列表，需要把元素的具体类型作为第一个参数提供给 repeat。

```
Compute repeat bool true 1.
(* = cons bool true (nil bool) : list bool *)
```

每次使用多态函数都需要提供类型参数，这样当然很麻烦。幸运的是，Coq 能够自动合成（synthesize）很多类型参数，为用户省去了提供类型参数的工作。Coq 中的 Arguments 命令声明函数（构造子也是函数）的名称和它的参数名，用花括号把可以隐式（不必用户显式提供）的参数括起来。声明之后，不需要再提供类型参数。

```
Arguments nil {X}.
Arguments cons {X}.
Arguments repeat {X}.
Check cons 1 (cons 3 nil).
(* cons 1 (cons 3 nil) : list nat *)
Compute repeat true 2.
(* = cons true (cons true nil) : list bool *)
```

另一种办法是不用 Arguments，而在定义多态函数的时候直接声明某些参数为隐式的，用花括号包围起来。

```
Fixpoint repeat' {X : Type} (x : X) (count : nat) : list X :=
  match count with
```

```
  | 0 => nil
  | S count' => cons x (repeat' x count')
  end.
Compute repeat' 1 3.
(* = cons 1 (cons 1 (cons 1 nil)) : list nat *)
```

练习 2.27 对 2.3 节定义的函数 length、app 和 rev，重新给出多态版本的定义。

既然已经声明构造子 nil 和 cons 中的类型参数为隐式的，那么就可以方便地定义多态列表的一些记号，Coq 会自动推导出类型参数。

```
Notation "x :: l" := (cons x l)
                        (at level 60, right associativity).
Notation "[ ]" := nil.
Notation "[ x ; .. ; y ]" := (cons x .. (cons y nil) ..).
```

练习 2.28 定义一个多态函数 rotate，使得对输入列表 l，返回一个新列表 l'，其中 l 的最后一个元素成为 l' 的第一个元素，其他元素的位置依次后移。例如，(rotate [1;2;3;4;5]) 的计算结果为 [5;1;2;3;4]。

练习 2.29 假设一个列表中的元素互不相同，这样可以表示一个集合。给定两个列表表示的集合 L1 和 L2，定义函数 (product L1 L2) 求它们的笛卡儿积，依旧用列表表示。例如，

```
Example product_test : product [1;2;3] [4;5]
                    = [(1,4); (1,5); (2,4); (2,5); (3,4); (3,5)].
Proof. reflexivity. Qed.
```

练习 2.30 假设一个列表 s 中的元素互不相同，这样可以表示一个集合。定义函数 powerset 使得 (powerset s) 返回 s 的幂集，即 s 的所有子集构成的集合。

2.6 依赖类型

Coq 的一个重要特点是支持依赖类型。通俗而言，依赖类型是一种比较特别的类型，它的定义依赖于某些值。例如，可以定义一种列表，把列表长度显示反映在类型的定义中。

```
Inductive ilist : nat -> Type :=
  | Nil : ilist 0
  | Cons : forall n, bool -> ilist n -> ilist (S n).
```

在上面的定义中，`ilist` 的类型为 `nat -> Type`，类型为 `nat` 的参数告诉我们列表的长度。构造子 `Nil` 的类型为 `ilist 0`，说明它是长度为零的列表；构造子 `Cons` 允许把一个布尔值加入一个长度为 n 的列表，从而得到一个长度增加 1 的新列表。可以看出，`ilist` 是一些列表族，包含以长度为索引的列表（length-indexed lists）。对这样的两个列表做拼接操作，得到一个新的列表，其长度为两个小列表长度之和。

```
Fixpoint app n1 (l1 : ilist n1) n2 (l2 : ilist n2)
  : ilist (n1 + n2) :=
  match l1 with
  | Nil => l2
  | Cons _ h t => Cons _ h (app _ t _ l2)
  end.
```

练习 2.31 定义一个多态的向量类型，使得 (vect A n) 表示长度为 n 的向量，其中的元素为 A 类型。进而定义矩阵类型使得 (matrix A n m) 表示 m 行 n 列的矩阵，且其中的元素为 A 类型。

练习 2.32 不经过向量，直接定义多态的矩阵类型，使得 (matrix A m n) 表示 m 行 n 列的矩阵，且其中的元素为 A 类型。定义矩阵之间的一个二元关系 Mat_eq 表示两个矩阵相等，并证明 Mat_eq 满足传递性。

2.7 高阶函数

如果一个函数输入参数的类型不全是布尔类型、自然数类型这样的基本数据类型，而可能包含函数类型，那么这个被定义的函数被称为高阶函数（higher-order function），因为它可以操纵其他函数。

```
Definition twice {X : Type} (f : X -> X) (n : X) : X := f (f n).
```

上面定义了一个多态函数 `twice`，它输入一个函数 `f` 和另一个参数 `n`，然后把 `f` 作用到 `n` 上两次。由于 `twice` 的定义中有隐式参数 `X`，为查看函数 `twice` 的类型，需要在 `twice` 前面加 `@` 符号把隐式参数变成显式参数。

```
Check @twice.
Compute twice S 2.
(* = 4 : nat *)
```

一个非常有用的高阶函数是过滤函数 `filter`。它的参数包括一个元素类型为 `X` 的列表和一个 `X` 上的条件，即类型为 `X -> bool` 的函数。过滤函数的作用就是把列表中满足条件的元素留下，把其他不满足条件的元素滤去。

```
Fixpoint filter {X:Type}(test: X->bool)(l:list X):(list X) :=
```

```
match l with
| [] => []
| h :: t => if test h then h :: (filter test t)
            else filter test t
end.
```

例如，如果把 filter 作用到条件 oddb 和一个自然数列表上，返回结果中将只包含列表中的奇数。

```
Compute filter oddb [1;2;3;4;5;6].
(* = [1;3;5] : list nat *)
```

另一个非常有用的高阶函数是映射函数（map function），

```
Fixpoint map {X Y: Type} (f:X->Y) (l:list X) : (list Y) :=
  match l with
  | [] => []
  | h :: t => (f h) :: (map f t)
  end.
```

这个高阶函数输入两个参数：一个函数 f 和一个列表 $l = [n_1, n_2, \cdots, n_k]$，然后返回新的列表 $[f(n_1), f(n_2), \cdots, f(n_k)]$，即函数 f 被作用到列表 l 中的每一个元素上。

```
Compute map (fun n => n + 5) [1;3;5].
(* = [6;8;10] : list nat *)
```

还有一个功能强大的高阶函数是折叠函数（fold function），该函数可用来对一个列表中的所有元素做聚合操作。具体而言，折叠函数输入一个操作函数 f、一个列表 l 和一个默认值 b，从默认值开始利用操作 f 逐个遍历并操作 l 中的元素。例如，下面例子中把 f 取为求和函数 plus，把列表中每个元素累加到默认值 0 上，实现对整个列表求和的功能。

```
Fixpoint fold {X Y: Type} (f: X->Y->Y) (l: list X) (b: Y): Y :=
  match l with
  | nil => b
  | h :: t => f h (fold f t b)
  end.
Compute fold plus [1;3;5] 0.
(* = 9 : nat *)
```

练习 2.33 定义函数 partition，把输入的一个自然数列表划分为一对子列表，第一个子列表仅包含原列表中所有可被 3 整除的元素，第二个子列表包含原列表中不能被 3 整除的元素。

练习 2.34　定义函数 maxPair，把输入的一个自然数列表中最大的奇数和偶数找出来，组成一个二元组作为返回值。如果列表中没有奇数或偶数，则用 0 替代。例如，

```
Example test_maxPair1: maxPair [1;2;5;4;8;10;3] = (5, 10).
Proof. reflexivity. Qed.
Example test_maxPair2: maxPair [2;4] = (0, 4).
Proof. reflexivity. Qed.
```

2.8　柯里-霍华德关联

Coq 有一个预先定义的类型 Prop，表示命题的类型。例如，恒真命题 True 和恒假命题 False 都具有有该类型。可以利用 Prop 定义谓词，如下面的例子所示。

```
Inductive odd : nat -> Prop :=
 | odd1 : odd 1
 | oddSS ( n : nat) (H : odd n) : odd (S (S n)).
```

这里定义的 odd 是一个函数，具有函数类型 nat -> Prop。它实际上是一个一元谓词（predicate），说明一个给定的自然数是否为奇数。定义中出现的归纳基础是 1 为奇数，归纳步骤中说如果 n 是一个奇数，那么 S (S n) 也是一个奇数。注意，这里两个构造子的类型不同并显式给出了，而且自然数作为被定义对象 odd 的参数出现在类型中。按照 2.4 节所讲的规则归纳，上面的定义利用了下面两条规则：

$$(\text{odd1}) \ \frac{}{\text{odd } 1} \qquad\qquad (\text{oddSS}) \ \frac{\text{odd } n}{\text{odd } (S \ (S \ n))}$$

对于一个关于给定自然数的命题，比如 odd 5，如果它成立，那么总可以构造出一棵证明树。

$$\frac{\dfrac{\dfrac{}{\text{odd } 1}}{\text{odd } 3}}{\text{odd } 5}$$

这个例子很简单，构造的树是特殊的线性结构，但一般的证明树可以有分支结构。这棵证明树自底向上构造，依次用了两次 (oddSS) 规则和一次 (odd1) 规则。Coq 作为一个定理证明助手，可以把命题 odd 5 写成一个性质，并按照上面证明树的思想给出一个证明过程。

```
Theorem odd5 : odd 5.
Proof. apply oddSS. apply oddSS. apply odd1. Qed.
```

上面这个性质以关键字 Theorem 开始，表示我们定义的一个定理，其名称为 odd5，证明分别以关键字 Proof 和 Qed 开始和结尾。具体证明中用了名为 apply 的证明策略

（tactic），即应用已有的性质和函数等。这里应用了两次构造子 oddSS 和一次 odd1，与上面建立证明树时应用规则的过程一致。还可以用函数作用的语法，把证明写得更简洁一些。

```
Theorem odd5' : odd 5.
Proof. apply (oddSS 3 (oddSS 1 odd1)). Qed.
```

上面的例子说明，构造一个命题的证明对应建立一棵证明树。由于树是一种数据结构，因此可视一棵具体的树为一个数据值。既然一个证明是一个数据值，那命题又是什么呢？我们所用的记号 ":" 实际上暗含的意思是把一个命题当作一个类型。例如，我们既可以把 "odd1 : odd 1" 读成 "odd1 是命题 odd 1 的一个证明"，也可以读作 "odd1 是类型为 odd 1 的一个数据值"。这样一来，就把逻辑和计算联系起来了，得到柯里-霍华德关联（Curry-Howard correspondence）。

证明 ： 命题

数据值 ： 类型

在函数式编程语言中，数据也是函数，是由程序表示的，因此柯里-霍华德关联的一种解释是：

- 类型对应逻辑公式，即命题；
- 程序对应逻辑证明；
- 程序求值（evaluation）对应证明简化（simplification）。

关于柯里-霍华德关联的历史渊源和更详细的解释可以参见文献 [15]。

回到上一个例子，在定理 odd5' 的证明中，证明策略 apply 后面的内容（oddSS 3 (oddSS 1 odd1)）是见证命题 odd 5 成立的一个证据。如果用 Check 命令检查它的类型，

```
Check (oddSS 3 (oddSS 1 odd1)).
```

Coq 输出的结果为 oddSS 3 (oddSS 1 odd1) : odd 5。因此，这里的证据可以视为数据值，其类型为 odd 5。我们注意到这个证据是反复利用谓词 odd 的两个构造子 odd1 和 oddSS 构造出来的。Coq 允许在同一个逻辑语言中既描述命题也描述证明，而且帮助我们检查一个证明相对于一个命题的有效性。

本节开始定义的 odd 是一元谓词，当然我们也可以用类似的归纳思想定义多元谓词。比如自然数上的小于或等于关系（≤）是一个二元谓词，在 Coq 中可定义如下：

```
Inductive le : nat -> nat -> Prop :=
  | len (n : nat) : le n n
  | leS (n m : nat) (H : le n m) : le n (S m).
```

下面证明 3 小于或等于 5 这样一个简单性质。

```
Theorem le3 : le 3 5.
Proof. apply leS. apply leS. apply len. Qed.
```

命题（le 3 5）之所以成立，是因为我们可以归纳地构造出一个证据（evidence）来见证这个命题成立的事实。这个证据严格写出来就是

```
leS 3 4 (leS 3 3 (len 3))
```

为查看该证据，可以执行命令 `Print le3.`，Coq 输出的结果为

```
le3 = leS 3 4 (leS 3 3 (len 3)) : le 3 5
```

练习 2.35   定义谓词 gt 表示严格大于关系，即 gt n m 成立当且仅当 n 严格大于 m。

练习 2.36   定义谓词 gtodd 表示两个奇数间的严格大于关系，即 gtodd n m 成立当且仅当奇数 n 严格大于奇数 m。

练习 2.37   定义谓词 last 使得 last n l 成立当且仅当数字 n 是自然数列表 l 的最后一个元素。

练习 2.38   定义谓词 subseq 表示子序列关系，即 subseq l1 l2 成立当且仅当列表 l1 中的元素依次按原来的顺序出现在列表 l2 中，但 l2 中可能穿插了其他元素。例如，[1;2;3] 是 [1;1;4;6;2;7;2;3;9] 的子序列。

2.9   归纳证明

Coq 的主要用途不在编程，而在于对一些数学或逻辑性质进行机器辅助证明。例如，著名的四色定理已经在 Coq 中得到了形式化证明。作为一个定理证明器，Coq 最擅长的是归纳证明。

举一个简单的例子，假设我们希望证明对于所有自然数 n，等式 $n*0=n$ 成立。我们把这个性质写成一个名为 `mult_0_r` 的定理，然后用数学归纳法证明。当 $n=0$ 时，等式左边为 $0*0$，可以简化为 0，于是等式两边相等，可用 "=" 关系的自反性证明 $0=0$。假设 $n=n'$ 时等式成立，即 $n'*0=0$。我们给这个条件取一个名字 `IHn'`。对于待证目标 $Sn'*0=0$，根据乘法的定义把等号左边简化为 $n'*0$，再利用条件 `IHn'` 从左往右重写，把待证目标转化为 $0=0$，最后用 "=" 关系的自反性证明。把这个证明过程用 Coq 写出来，成为从 `Proof` 到 `Qed` 之间的内容，由一个个证明策略（tactic）顺序串联起来，每个证明策略就像一个 Coq 可识别的命令。

```
Theorem mult_0_r : forall n:nat,
  n * 0 = 0.
Proof.
```

```
  induction n as [ | n' IHn'].
  - (* n = O*)
    simpl. reflexivity.
  - (* n = S n' *)
    simpl. rewrite IHn'. reflexivity.
Qed.
```

上面的证明策略 induction n as [| n' IHn']告诉 Coq 我们将对 n 做数学归纳。方括号中的竖线 | 把一列名字分成两部分：左边为空，对应 $n=0$ 的情况；右边有两个名字，对应 $n=Sn'$ 的情况，其中 IHn' 表示当 $n=n'$ 时的归纳假设。其他策略 simpl、rewrite、reflexivity 分别表示表达式化简、等式重写和自反性质。细心的读者可能已经发现，在第二种情况中，执行完 simpl 的策略以后，需要证明的目标实际上和前提条件中的 IHn' 完全相同，这时候可以用 apply 策略直接完成证明，即用 "apply IHn'." 代替需要两步执行的 "rewrite IHn'. reflexivity."。此外，如果待证明的目标是之前已经证明过的性质，或者是 Coq 标准库中已经提供的性质，也可以用 apply 策略应用它们。例如，下列性质 mult_0 的证明就用到了刚刚证明过的性质 mult_0_r。因为这个性质对所有自然数 m 和 n 都成立，我们用 intros策略引入两个任意的自然数到证明目标的前提假设中。

```
Theorem mult_0 : forall m n:nat,
  m * (n * 0) = 0.
Proof.
  intros m n. rewrite mult_0_r. apply mult_0_r.
Qed.
```

由于列表类型的定义和自然数类型非常相像，因此也可以对一个列表进行结构归纳。下面的例子中列表 1 既可以为空，也可以不为空，由表头 h 和表尾 t 拼接而成。证明部分与定理 mult_0_r 的证明非常类似，所以这里不再赘述。

```
Theorem app_nil_r : forall l : natlist,
  l ++ [] = l.
Proof. intro l. induction l as [ | h t IHt].
 - reflexivity.
 - simpl. rewrite IHt; reflexivity.
Qed.
```

除了常用的自然数类型和列表类型，Coq 对每一个归纳定义的类型都提供了一个归纳证明方法，即对该类型的值进行归纳的证明方法。具体来讲，对每个用 Inductive 命令定义的类型 T，Coq 自动生成一个归纳原理 T_ind。比如，对自然数类型 nat，它的归纳原理可以用 Check nat_ind 命令查看。

```
Check nat_ind.
```

```
nat_ind : forall P : nat -> Prop,
          P 0 ->
          (forall n : nat, P n -> P (S n)) ->
          forall n : nat, P n
```

这个归纳原理告诉我们，一个自然数上的谓词 P 如果对 0 成立，而且对任何 n，谓词 P 在 n 上成立，蕴含着在 $n+1$ 上也成立，那么 P 对所有的自然数都成立。这正是我们熟悉的数学归纳法！对于一般归纳定义的类型，其归纳原理可以理解为对数学归纳法的推广。

下面用归纳的方式定义二元谓词 ge，以表示自然数上的大于或等于（$\geqslant$）关系。为证明这个关系的传递性，即命题 $m \geqslant n$ 和 $n \geqslant p$ 蕴含着命题 $m \geqslant p$ 成立，我们可以对见证 $m \geqslant n$ 成立的证据进行归纳。

```
Inductive ge : nat -> nat -> Prop :=
 | ge_n : forall n, ge n n
 | ge_S : forall m n, ge m n -> ge (S m) n.

Theorem ge_transitive : forall m n p,
  ge m n -> ge n p -> ge m p.
Proof. intros m n p g1 g2. induction g1 as [n' | m' n' H IH].
  - apply g2.
  - apply ge_S. apply IH. apply g2.
Qed.
```

上面的证明策略 induction g1 as [n' | m' n' H IH] 中方括号的竖线隔开两种情况，是因为见证命题 ge m n 成立的证据只能由两种构造子构造出来，对应 ge 定义中的两种情况。对于第二种情况，一旦名字 m' 和 n' 取定，则 H 表示条件 ge m' n'，而 IH 表示归纳假设 ge n' p -> ge m' p。

练习 2.39　完成对下面三个性质的证明：

```
Theorem plus_n_Sm : forall n m : nat,
  S (n + m) = n + (S m).

Theorem mul_4_r : forall  n : nat,
  n * 4 = n + n + n + n.

Theorem app_assoc : forall l1 l2 l3 : natlist,
  (l1 ++ l2) ++ l3 = l1 ++ (l2 ++ l3).
```

练习 2.40　在 2.1 节中我们定义了 plus 函数以实现加法运算，也可以把这个运算定义为一个三元谓词。

```
Inductive plusR : nat -> nat -> nat -> Prop :=
 | PlusO : forall m, plusR O m m
 | PlusS : forall n m r, plusR n m r -> plusR (S n) m (S r).
```

直觉上可以观察到 (plusR n m r) 成立当且仅当 (plus n m = r)。为形式化地说明这种对应关系，请证明下面两个性质。

```
Theorem plus_plusR : forall n m, plusR n m (n+m).
Theorem plusR_plus : forall n m r, plusR n m r -> r = n + m.
```

> **练习 2.41** 证明任何两个奇数的乘积仍然是一个奇数。

```
Theorem odd_mul : forall n m, oddn n -> oddn m -> oddn (n * m).
```

2.10 常用证明策略

先看几个命题逻辑中的公式，主要涉及合取和析取连接词以及存在量词。相关证明会用到几个简单的证明策略。

如果待证明的结论是一个合取公式 P ∧ Q，就需要证明 P 和 Q 分别成立。这时可以作用 split 策略产生两个子目标，结论分别是 P 和 Q。

```
Theorem conjunction : forall P Q : Prop, P -> Q -> P /\ Q.
Proof. intros P Q HP HQ. split.
 - apply HP.
 - apply HQ.
Qed.
```

如果待证明的结论是一个析取公式 P ∨ Q，实际上只证明 P 或 Q 中的两者之一成立就足够了。若选取前者，则用 left 策略，否则用 right，继续对 P 或 Q 进行证明。

```
Theorem disjunction : forall P Q : Prop,
 (P -> P \/ Q) /\ (Q -> P \/ Q).
Proof. intros P Q. split.
 - intro HP. left. apply HP.
 - intro HQ. right. apply HQ.
Qed.
```

如果待证明的结论以存在量词开始，形如 "exists n : nat, P(n)"，就需要提供一个具体的值给 n，使得性质 P(n) 成立。在下面的定理 existence 中，用 exists 3 把 n 的值固定为 3，然后继续后面的证明步骤。

```
Theorem existence : exists n : nat, n * n = 9.
Proof. exists 3. reflexivity. Qed.
```

接下来，考虑 destruct 和 constructor 等与归纳定义的类型相关的常用证明策略。策略 destruct 与 induction 类似，都可用于任何归纳定义的数据类型。但是后者可能有归纳假设，而前者没有，只是根据某个数据类型的构造子的个数，把该类型的一个数据分解成不同的情况。在下面的证明中，因为 a 和 b 都是布尔类型，有 true 和 false 两个构造子，所以依次分解之后有四种情况，每种情况都可用 reflexivity 策略证明。

```
Theorem and_comm : forall a b : bool,
  andb a b = andb b a.
Proof. intros a b. destruct a.
  - destruct b.
    + reflexivity.
    + reflexivity.
  - destruct b.
    + reflexivity.
    + reflexivity.
Qed.
```

在证明时，如果对一个数据引入以后立刻用 destruct 进行分解，则可以把这两步合并，在 intros 后面直接跟分解数据期望得到的模式。对于布尔类型，模式很简单，就是 []，即方括号中不用写任何名称。

```
Theorem and_comm' : forall a b : bool,
  andb a b = andb b a.
Proof. intros [] [].
  - reflexivity.
  - reflexivity.
  - reflexivity.
  - reflexivity.
Qed.
```

尽管在大部分情况下，证明策略只应用于待证目标的结论上，但有时候也可以把它们用在前提条件上。

```
Theorem implication : forall (P Q R : Prop),
  (P -> Q) -> (Q -> R) -> P -> R.
Proof. intros P Q R HPQ HQR HP.
  apply HPQ in HP. apply HQR in HP. assumption.
Qed.
```

在上面的证明过程中，我们先引入了一些条件，其中 HPQ 和 HP 分别对应 P -> Q 和 P 这两个前提条件，证明策略 apply HPQ in HP 是说把 HPQ 作用于 HP，从而使得后者变为 Q。由于 HQR 对应 Q -> R 这个条件，这时候运用 apply HQR in HP 的结果是把 HP 变为 R。现在 HP 这个前提条件实际和我们要证明的结论完全一样，这时可以用证明策略 assumption 或者 apply HP 完成整个证明。

在 2.8 节中，为证明定理 le3 成立，反复运用了谓词 le 定义中的两个构造子 leS 和 len。那个证明可以写得更简单一些。

```
Theorem le3' : le 3 5.
Proof. constructor. constructor. constructor. Qed.
```

运用证明策略 constructor 的效果是让 Coq 尝试 apply 谓词 le 的构造子。我们甚至可以写一个更简单的证明，消除连续重复出现的证明策略。

```
Theorem le3'' : le 3 5.
Proof. repeat constructor. Qed.
```

这里出现的 repeat 有一个专门的名字叫作 tactical；它是证明策略上的函数。与之类比的概念是函数式程序设计中的 functional，以函数作为输入参数的函数。执行 repeat constructor 的效果就是反复运用 constructor 直到不能继续推进证明为止。

除了 repeat，再介绍几个常用的 tactical。最简单的思想即把两个证明策略组合在一起顺序执行。例如，如果 T_1 和 T_2 分别是两个证明策略，那么 "$T_1; T_2$" 的作用是先把 T_1 应用在待证明的目标上，然后对由此产生的所有子目标都应用 T_2。把这个思想稍微推广一点，可以组合更多的证明策略。

```
Theorem implication' : forall (P Q R : Prop),
  (P -> Q) -> (Q -> R) -> P -> R.
Proof. intros P Q R HPQ HQR HP; apply HQR; apply HPQ; assumption.
Qed.
```

为使用组合策略 "$T_1; T_2$"，需要保证 T_2 能在 T_1 产生的子目标上成功执行。但通常情况是对每个子目标可能需要作不同的处理，为此有更一般的策略组合方式：

$$T; [T_1 \mid T_2 \mid \cdots \mid T_n] .$$

它要求 T 的执行产生 n 个子目标，并且对第 i 个子目标应用策略 T_i。因此，$T; T'$ 代表的是一种特殊情况，即所有的 T_i 都相同，或者说，它是

$$T; [T' \mid T' \mid \cdots \mid T']$$

的缩写形式。

```
Theorem ge0: forall n : nat,
  ge (S n) 0.
```

```
Proof. intro n; induction n as [| n' IHn'];
  [repeat constructor | constructor; assumption].
Qed.
```

在定理 ge0 的证明中，对 n 进行归纳会产生两个子目标。当 n 为 0 时，应用策略
repeat constructor；当 n 非 0 时，用一次 constructor 和 assumption 就能完成
证明。

最后介绍一个有用的 tactical 是 try。如果 T 是一个策略，那么 try T 的功能和
T 几乎一样，唯一的区别是当 T 执行失败时，try T 仍然执行成功，并不报错，但不改
变待证明的目标。可以把 ";" 和 "try" 组合在一起灵活使用。

```
Theorem ge0': forall n : nat,ge (S n) 0.
Proof. intro n; induction n as [| n' IHn'];
  repeat (constructor; try assumption).
Qed.
```

练习 2.42　利用 ";" 尽量简化本节介绍的定理 and_comm 的证明。

练习 2.43　定义一个多态类型的谓词 sorted，使得（sorted R l）成立当且仅当
列表 l 相对于二元关系 R 是一个有序列表。为检验该定义的正确性，给出下面性质的
一个简单证明，用到的证明策略不超过两个。

```
Example sortedlist : sorted le [1;3;4;7;10;15;999].
```

练习 2.44　定义一个多态类型的谓词 closure，使得（closure R）表示二元关系
R 的自反传递闭包。为检验该定义的正确性，给出下面性质的一个简单证明，用到的证
明策略不超过两个。

```
Example closrel : closure le 3 999 /\ closure le 17 17.
```

通过本节的例子可以看出，适当利用 tactical 可以简化形式化证明。以前我们与
Coq 每进行一次交互只能执行一条证明策略，使得证明代码显得比较长。但利用 tactical
组合多条策略以后，证明显得高效很多。不过我们并不满足于此，最好能让 Coq 自动化
地帮我们证明一些简单冗长的性质。

2.11　证明自动化

Coq 提供了一个用于帮助实现证明自动化的语言 Ltac。可以利用它编写一些个性化
的证明策略，以达到有限程度的自动化证明目的。下面通过一个简单例子介绍 Ltac 的基
本用法。

```
Ltac des_bool :=
  match goal with
    | [|- forall x : bool, _ ] =>
      intro x; destruct x; reflexivity
  end.

Theorem andb_id : forall a : bool, andb a a = a.
Proof. des_bool. Qed.
```

先自定义一个 des_bool 证明策略，它以模式匹配的方式检查待证明的结论形式是否为 "forall x : bool, …"。方括号中间的内容为我们感兴趣的模式，其中记号 "|-" 右边表示要证明的结论，左边为可用的前提条件；在这个例子中，"|-" 左边为空，表示我们不关心前提条件。如果模式匹配成功，则连续执行 intro x，destruct x 和 reflexivity 三个证明策略来证明所要的结论。对于像 andb_id 这样简单的定理，运用自定义的 des_bool 足以自动化地证明它。

下面再看一个稍微复杂的例子。

```
Ltac reduce :=
  repeat match goal with
        | [_: ?P |- ?P] => assumption
        | [H: _/\_ |- _] => destruct H
        | [H: _\/_ |- _] => destruct H
        | [H1: ?P -> ?Q, H2: ?P |- _] => apply H1 in H2
        | [|- _/\_] => constructor
        | [|- _->_] => intro
        | [|- forall _,_ ] => intro
        end.

Theorem conj_disj : forall P Q: Prop,
  (P \/ Q) /\ (P -> Q) -> Q.
Proof. reduce. Qed.
```

自定义的策略 reduce 反复进行 7 种模式的匹配，其中第一种模式说如果我们证明的目标已经出现在前提中，则只需运用 assumption 策略；第二种模式说如果前提是两个命题的合取，则对这个前提运用 destruct 策略；其他模式类似。像 conj_disj 这样的命题，可以用 reduce 自动证明。

Coq 已经内置了一些策略帮助我们进行自动化证明。例如，定理 conj_disj 的证明只需一句 tauto 就轻松完成，因为这个证明策略实现了直觉主义命题逻辑中的一个判定过程，可以自动判别该逻辑中的恒真命题。关于更多证明策略（如 auto、lia 等）的介绍，可以查阅 Coq 的参考手册。

2.12　余归纳类型

惰列表　到目前为止，我们已经见过许多归纳定义的类型。例如，对于自然数类型
nat，通过反复作用它的构造子 O 和 S，可以构造出任何一个有限的自然数。但有时我
们希望考虑的对象是无限的，比如交通信号灯三种颜色的无限变换序列，不能用归纳类
型构造，只可以用余归纳类型（coinductive type）描述。在 Coq 中，余归纳类型的定义
与归纳类型的定义类似，主要区别在于用关键字 CoInductive 替代 Inductive。

```
CoInductive infseq : Type :=
  | Cons : nat -> infseq -> infseq.
```

这里定义的类型 infseq 包含以自然数为元素组成的无限序列。注意与之前归纳定
义的列表类型 list 的区别：我们没有创建空列表的构造子，也就是说，我们也不能创
建有限长度的列表，而每个无限长度的序列形式上都只能是 "Cons a l"。

如果既允许有限长度的列表，也允许无限长度的列表，则可以用一种称为惰列表
（lazy list）的数据类型。它有一个构造子 Lnil，目的是创建空列表。我们可以把一个惰
列表想象成一个设备，其行为是输出有限或无限长的一串类型为 X 的元素。

```
CoInductive Llist {X : Type} : Type :=
  | Lnil : Llist
  | Lcons : X -> Llist -> Llist.
```

需要注意的是，虽然从构造规则的角度来看，构造子 Lnil 和 Lcons 对应的依旧是 2.4 节
介绍的 (N) 和 (C) 这两条规则，但是从集合论的观点来看，余归纳定义的 Llist 是用
构造子 Lnil 和 Lcons 构建出来的表达式的最大集合，而归纳定义的 list 是用构造子
nil 和 cons 构建出来的表达式的最小集合。

下面考虑如何定义类型为 Llist 的一些项。先考虑有限长度的列表，这比较容易做
到，只需通过有限多次地利用构造子 Lcons 和 Lnil 来构建。例如我们定义的 list123
列表包含 3 个自然数。注意它的类型为 Llist，表示一个惰列表。

```
Definition list123 := Lcons 1 (Lcons 2 (Lcons 3 Lnil)).
Check list123.
(* list123 : Llist *)
```

更一般地，我们定义函数 first，使得 (first n) 返回一个有限长度的惰列表，包含所
有不超过 n 的自然数。

```
Fixpoint first (n:nat) : Llist :=
  match n with
  | O => Lnil
  | S n' => Lcons n (first n')
  end.
```

```
Compute first 3.
(* = Lcons 3 (Lcons 2 (Lcons 1 Lnil)) : Llist*)
```

　　当然，更有意思的事情是定义无限长度的惰列表，比如包含所有自然数的一个惰列表。

```
Lcons 0 (Lcons 1 (Lcons 2 ...))
```

因为没有办法显式地逐个列出所有自然数，因此需要寻找一个项来有效表示或生成无限的数字。可以考虑写一个递归函数 from，期望通过调用 (from n) 生成所有从 n 开始的自然数。

```
Fixpoint from (n:nat) : Llist :=
  Lcons n (from (S n)).
```

　　但是这个定义是不正确的，因为在递归调用的时候参数 S n 比原来的参数 n 还大，Coq 拒绝接受这样的定义。

　　为解决上面的问题，Coq 提供关键字 CoFixpoint 取代 Fixpoint，表示我们将以余归纳而不是归纳的方式定义一个函数。

```
CoFixpoint from (n:nat) : Llist :=
  Lcons n (from (S n)).
```

　　正如关键字 Fixpoint 有一个匿名形式 fix 一样，关键字 CoFixpoint 也有一个匿名的形式 cofix。

```
Definition from' : nat -> Llist :=
  cofix f (n : nat) := Lcons n (f (S n)).
```

　　直观上，我们知道 from n 和它展开一步的结果是相同的，即等式

```
from n = Lcons n (from (S n))
```

对任何自然数 n 都成立。事实上，这是余归纳类型的项的一般性质：首先定义函数 Llist_decompose 表示惰列表按定义展开一步的结果,然后用性质 Llist_decomp_lemma 建立展开前后两个项的一致性。

```
Definition Llist_decompose {X:Type}(l: @Llist X) : Llist :=
  match l with
    | Lnil => Lnil
    | Lcons h t => Lcons h t
  end.

Lemma Llist_decomp_lemma : forall (X:Type) (l: @Llist X),
```

```
                    l = Llist_decompose l.
Proof. intros X l; destruct l; reflexivity. Qed.
```

对于具体的惰列表 from n，利用 Llist_decomp_lemma 可以很容易地得到 from_unfold
性质。

```
Lemma from_unfold : forall n, from n = Lcons n (from (S n)).
Proof. intro n; rewrite (Llist_decomp_lemma nat (from n));
  reflexivity.
Qed.
```

练习 2.45　*证明 from' 函数也有类似的展开性质。*

```
Lemma from'_unfold : forall n, from' n = Lcons n (from' (S n)).
```

有了余归纳定义的数据结构，比如惰列表，接下来考虑如何为它们定义合适的谓词。
为判断一个惰列表的长度是否有限，我们以归纳的方式定义谓词 Finite。不难证明，
list123 和 first n 都满足谓词 Finite。

```
Inductive Finite {X:Type} : Llist -> Prop :=
  | F_lnil : Finite Lnil
  | F_lcons : forall (a:X)(l:Llist),
              Finite l -> Finite (Lcons a l).

Lemma Finite_example1 : Finite list123.
Proof. repeat constructor. Qed.

Lemma Finite_example2 : forall n, Finite (first n).
Proof. intro n; induction n.
  - constructor.
  - constructor; assumption.
Qed.
```

为刻画一个惰列表的长度是否无限，可用余归纳的方式定义谓词 Infinite。

```
CoInductive Infinite {X:Type} : Llist -> Prop :=
  | Inf_lcons : forall (a:X)(l:Llist),
                Infinite l -> Infinite (Lcons a l).
```

我们希望证明 from n 满足谓词 Infinite。这里需要用到一个新的证明策略 cofix。
如果 P 是一个用余归纳定义的谓词表示的性质，为证明该性质，可以考虑执行证明策略
cofix H 把 P 放入待证目标的前提中，名称为 H，但我们不能马上利用它，否则整个证
明过程没有取得实质性进展。正确的做法是把待证结论中的惰列表展开一步，把有关构

造子暴露在外层，然后作用 P 中的有关构造子，完成这些实质性的步骤之后才能利用前提 H 进行后续证明。

```
Lemma Infinite_example:
  forall n:nat, Infinite (from n).
Proof. cofix H. intro n; rewrite (from_unfold n).
  constructor; apply H.
Qed.
```

互模拟 上述讨论的 Finite 和 Infinite 都是一元谓词，现在引入一个二元谓词 bisimilar，建立两个惰列表之间的等价关系，准确而言是说这两个列表是互模拟的。直观而言，两个惰列表 l1 和 l2 满足 bisimilar 性质，是指它们的头元素相同，而且各自的尾列表仍然满足这个性质。也就是说，虽然 l1 和 l2 的语法形式可能不同，但它们表示的是语义上相同的惰列表。

```
CoInductive bisimilar {X:Type} : Llist -> Llist -> Prop :=
  | B_lnil : bisimilar Lnil Lnil
  | B_lcons : forall (a:X)(l l':Llist),
      bisimilar l l' -> bisimilar (Lcons a l)(Lcons a l').

Theorem bisim_example1 : forall n, bisimilar (from n) (from' n).
Proof. cofix H; intro n.
  rewrite (from_unfold n); rewrite (from'_unfold n).
  constructor; apply H.
Qed.
```

性质 bisim_example1 说明对任何自然数 n，由 from n 和 from' n 定义的是相同的惰列表。

证明两个惰列表满足 bisimilar 关系的一个常用方法是首先构造一个包含这对列表的二元关系 R，然后验证 R 是一个<u>互模拟关系</u>（bisimulation relation），这就是并发理论中的帕克原理（Park principle）。下面先解释互模拟关系的概念。一个二元关系 R 是一个互模拟，指对任何两个惰列表 l_1 和 l_2，如果 $(l_1, l_2) \in R$，那么或者两个列表都是空的，或者一定存在 h 和 t_1, t_2 使得 $l_1 = \mathrm{Cons}\ h\ t_1$，$l_2 = \mathrm{Cons}\ h\ t_2$，且 $(t_1, t_2) \in R$。

```
Definition bisimulation {X:Type}(R: @Llist X->Llist->Prop) :=
  forall l1 l2 : Llist, R l1 l2 ->
    match l1 with
    | Lnil => l2 = Lnil
    | Lcons h1 t1 =>
        match l2 with
        | Lnil => False
        | Lcons h2 t2 => h1 = h2 /\ R t1 t2
```

```
      end
   end.
```

下面形式化地证明帕克原理的正确性。这里用到的最重要策略是 cofix，然后对列表 l1 和 l2 的结构进行分解从而分情况讨论。

```
Theorem park_principle :
  forall (X:Type)(R: @Llist X -> Llist -> Prop),
  bisimulation R ->
  forall l1 l2, R l1 l2 -> bisimilar l1 l2.
Proof. cofix H; intros X R B l1 l2 R12.
  destruct l1; destruct l2; try constructor;
  try apply B in R12.
  - discriminate R12.
  - destruct R12.
  - destruct R12 as [H1 H2]; rewrite H1.
    constructor. apply (H _ _ B _ _ H2).
Qed.
```

上面出现的证明策略 discriminate 的应用场景如下：当前提条件中出现 "R12 : Lcons x l2 = Lnil" 时，我们知道等式两边的项分别由 Lcons 和 Lnil 两个永远完全不同的构造子组成，它们是不可能相等的，于是用 discriminate R12 把前提不可能成立的情况排除。

下面通过一个简单例子说明帕克原理的应用。假设 $S01 = 010101\cdots$ 和 $S10 = 101010\cdots$ 是两个无限长的字符串，分别存储在两个惰列表 S01 和 S10 中。定义二元关系 R，其中包含两对列表。

$$R \stackrel{\text{def}}{=} \{(S01, \text{Cons } 0 \text{ } S10), (\text{Cons } 1 \text{ } S01, S10)\}$$

性质 bisim_example2 表明 S01 和 Cons 0 S10 是两个相同的惰列表，其证明思路就是先验证 R 是一个互模拟关系，然后应用帕克原理。

```
CoFixpoint S01 := Lcons 0 (Lcons 1 S01).
CoFixpoint S10 := Lcons 1 (Lcons 0 S10).

Definition R (l1 l2: Llist) : Prop :=
  l1 = S01 /\ l2 = Lcons 0 S10 \/
  l1 = Lcons 1 S01 /\ l2 = S10.

Theorem bisim_example2 : bisimilar S01 (Lcons 0 S10).
Proof. apply (park_principle nat Rel).
  - intros l1 l2 [[H1 H2] | [H1 H2]];
    rewrite H1; rewrite H2; simpl; split.
```

```
    reflexivity. unfold R; right. split; reflexivity.
    reflexivity. unfold R; left. split; reflexivity.
  - unfold Rel; left; split; reflexivity.
Qed.
```

这里出现一个新的证明策略 unfold，其作用是把关系 R 按照定义展开。

线性时态逻辑　假设有一个无限长的事件序列，我们关心诸如"事件 0 在下一个时间点发生""事件 0 最终会发生"等性质，这些性质可用线性时态逻辑的公式表达。一个无限长的惰列表可以很好地存储一个无限的事件序列。我们关注 now、next、eventually、always、inf_often 这 5 个谓词表达的意义：

（1）命题 now P l 成立当且仅当列表 l 中的头元素满足性质 P。

（2）命题 next P l 成立当且仅当列表 l 的尾列表满足性质 P。

（3）命题 eventually P l 成立当且仅当列表 l 自身或它的尾列表终将满足性质 P，即该性质终将被满足。

（4）命题 always P l 成立当且仅当列表 l 和它的尾列表都满足性质 P。

（5）命题 inf_often P l 成立当且仅当性质 P 总是终将在列表 l 中被满足，即被满足了无限多次。

```
Inductive now {X:Type}(P: X->Prop): Llist -> Prop :=
  | Now : forall x l, P x -> now P (Lcons x l).

Inductive next {X:Type}(P: @Llist X ->Prop) : Llist -> Prop :=
  | Next : forall x l, P l -> next P (Lcons x l).

Inductive eventually {X:Type}(P:@Llist X ->Prop):Llist->Prop :=
  | E0 : forall l, P l -> eventually P l
  | E_next : forall x l,
      eventually P l -> eventually P (Lcons x l).

CoInductive always {X:Type}(P: @Llist X ->Prop): Llist->Prop :=
  | Always : forall x l,
      P (Lcons x l) -> always P l -> always P (Lcons x l).

Definition inf_often {X:Type}(P:@Llist X->Prop)(l:Llist):Prop :=
  always (eventually P) l.
```

对于具体的无限长度的字符串 $S01$，可以验证 0 终将在其中出现，而且出现了无限多次，分别用性质 eventually0 和 inf0 形式化地表达。

```
Lemma eventually0 : eventually (now (eq 0)) S01.
Proof. rewrite (Llist_decomp_lemma nat (S01)); simpl.
  apply E0; constructor; reflexivity.
```

```
Qed.

Theorem inf0 : inf_often (now (eq 0)) S01.
Proof. cofix H. unfold inf_often;
 rewrite (Llist_decomp_lemma nat (S01)); simpl.
  unfold inf_often; constructor.
  - apply E0; constructor; reflexivity.
  - constructor.
    + apply E_next; apply eventually0.
    + assumption.
Qed.
```

练习 2.46　（1）定义谓词 until 使得命题 until P Q l 成立当且仅当列表 l 的某个子列表满足性质 Q，而在这之前一直满足性质 P。

（2）定义函数 stutter 使得 (stutter n) 产生一个惰列表，前 n 个元素都为 0，之后的元素全为 1。

（3）证明性质 until_example。

```
Theorem until_example : forall n,
  until (now (eq 0)) (now (eq 1)) (stutter n).
```

标号迁移系统　列表或惰列表的结构都是线性的，即任何两个元素之间都有严格的先后次序。下面介绍一种称为标号迁移系统（labelled transition system）的形式化模型，其可用于表示分支结构，即在某些特定位置允许选择不同的后继元素。具体而言，一个标号迁移系统是一个三元组 $\langle Q, A, T \rangle$，其中 Q 是一个状态集合，A 是一个动作或事件的集合，$T \subseteq Q \times A \times Q$ 表示状态之间的迁移关系。如果 $(p, a, p') \in T$，那么在状态 p 做动作 a 能到达一个后继状态 p'。

一个标号迁移系统上的两个状态 p 和 q 被称为是互模拟的，是指对任何从 p 出发的一步迁移 $(p, a, p') \in T$，总存在从 q 出发的一步迁移 $(q, a, q') \in T$ 使得 p' 和 q' 仍然是互模拟的。同样，从 q 出发的任何迁移也能被 p 模拟。

下面在 Coq 中定义类型 LTS，表示标号迁移系统。这里用到记录类型（record type），其构造子是 mk_lts。

```
Record LTS : Type :=
  mk_lts {
    states : Set;
    actions : Set;
    transitions : states -> actions -> states -> Prop
}.
```

二元谓词 bisimilar_lts 描述一个标号迁移系统上的两个状态是否为互模拟的，只需要一个构造子 bisi，给出状态迁移的匹配条件。

```
CoInductive bisimilar_lts {S : LTS}:
  (states S) -> (states S) -> Prop :=
  | bisi :
    let Q := states S in
    let A := actions S in
    let T := transitions S in
      forall p q : Q,
      (forall (a : A) (p' : Q), T p a p' ->
       exists q' : Q, T q a q' /\ bisimilar_lts p' q') ->
      (forall (a : A) (q' : Q), T q a q' ->
       exists p' : Q, T p a p' /\ bisimilar_lts p' q') ->
      bisimilar_lts p q.
```

下面定义一个具体的标号迁移系统 S。为方便理解，也可以直观地用一个有向图表示它，其中节点表示状态，有向边表示状态之间的迁移，边上的标号表示动作名。

```
Inductive Q : Set := p1 | p2 | p3 | q1 | q2 | q3.
Inductive A : Set := a | b.
Inductive T : Q -> A -> Q -> Prop :=
  | T1: T p1 a p2
  | T2: T p2 b p3
  | T3: T q1 a q2
  | T4: T q1 a q3
  | T5: T q2 b p3
  | T6: T q3 b p3.
Definition S := mk_lts Q A T.
```

练习 2.47　（1）画出标号迁移系统 S 的有向图表示形式。

（2）类比惰列表，相应地给出标号迁移系统上的互模拟关系和帕克原理。

（3）证明 S 中的状态 p1 和 q1 是互模拟的。

2.13　代码抽取

Coq 的代码抽取功能允许在 Coq 中写一个函数，然后翻译成 OCaml 或者 Haskell 程序。例如，考虑下面这个插入排序的函数，其中用到 Coq 的标准库 Nat。

```
Require Import Nat.
Fixpoint insert (i : nat) (l : list nat) :=
  match l with
  | [] => [i]
  | h :: t => if i <=? h then i :: h :: t
                         else h :: insert i t
```

```
  end.
Fixpoint insertion_sort (l : list nat) : list nat :=
  match l with
  | [] => []
  | h :: t => insert h (insertion_sort t)
  end.
```

为进行代码抽取，首先声明目标语言为 OCaml。

```
Require Coq.extraction.Extraction.
Extraction Language OCaml.
```

接着用 Extraction 命令把指定的函数转换成 OCaml 代码。

```
Extraction insertion_sort.
```

在 Coq IDE 中我们看到下面的代码被输出。

```
(** val insertion_sort :
    nat list -> nat list **)
let rec insertion_sort = function
| Nil -> Nil
| Cons (h, t) ->
  insert h (insertion_sort t)
```

我们发现虽然 insertion_sort 被转换过去，但 insert 函数没有变化。为得到完整的 OCaml 程序，需要用 Recursive Extraction 命令。

```
Recursive Extraction insertion_sort.
```

这时我们得到完整的一段 OCaml 程序。

```
type bool =
| True
| False

type nat =
| O
| S of nat

(** val leb : nat -> nat -> bool **)

let rec leb n m =
  match n with
  | O -> True
```

```
   | S n' -> (match m with
             | 0 -> False
             | S m' -> leb n' m')

type 'x list =
| Nil
| Cons of 'x * 'x list

(** val insert : nat -> nat list -> nat list **)

let rec insert i = function
| Nil -> Cons (i, Nil)
| Cons (h, t) ->
  (match leb i h with
   | True -> Cons (i, (Cons (h, t)))
   | False -> Cons (h, (insert i t)))

(** val insertion_sort : nat list -> nat list **)

let rec insertion_sort = function
| Nil -> Nil
| Cons (h, t) -> insert h (insertion_sort t)
```

这样得到的代码比较原始，因为连基本的布尔类型和自然数类型都重新定义了。当然，存在优化的方法，能得到更高效的代码，具体可以参见文献 [1]。

第 3 章　OCaml

　　20 世纪 70 年代，英国计算机科学家罗宾·米勒（Robin Milner，见图 3.1）等在爱丁堡大学提出通用函数式编程语言 ML (Meta Language)，这是米勒在 1991 年获得图灵奖的重要原因之一。20 世纪 80 年代，法国计算机科学家 Xavier Leroy（见图 3.2）等多位学者共同努力实现了基于 ML 的语言 Caml（Categorical Abstract Machine Language），之后又融入面向对象的编程风格，产生了 Objective Caml，即 OCaml。因此，OCaml 是完全包含面向对象编程和 ML 风格的静态类型的一门语言。2005 年，微软公司开发的 F# 语言本质上是 OCaml 的一个变种。

Robin Milner
(1934—2010)

图 3.1　ML 的主要贡献者之一

Xavier Leroy
(1968—)

图 3.2　OCaml 的贡献者之一

3.1　安装和使用 OCaml

　　为安装 OCaml，可以使用它的包管理器 OPAM。建议先通过 OPAM 安装好 OCaml，然后再安装 UTop，这是使用 OCaml 的一个界面。具体帮助信息请参见 OCaml 官方网站 https://www.ocaml.org。

　　先创建一个名为 hello.ml 的文件，其中只包含一行命令：

```
print_endline "Hello World!"
```

下面介绍几种编译和运行 OCaml 文件的方式。

　　方式一：输入 `ocaml` 命令使用解释器直接执行刚创建的文件。

```
$ ocaml hello.ml
```

结果为输出字符串"Hello World!"。

　　方式二：先用 `ocamlc` 命令把程序编译成<u>字节码</u>（bytecode），然后通过字节码解释器执行。

```
$ ocamlc -o hello hello.ml
$ ocamlrun hello
```

在大部分系统中，字节码可以直接运行，因此可以在终端查看运行结果。

```
$ ocamlc -o hello hello.ml
$ ./hello
```

方式三：先用 ocamlopt 命令把 hello.ml 编译成本机可执行文件，然后运行。

```
$ ocamlopt -o hello hello.ml
$ ./hello
```

方式四：使用 OCaml 的交互运行环境。注意，在交互运行环境中编写代码时，每条命令都要以符号";;"结束。

```
$ ocaml
# print_endline "Hello World!" ;;
# #use "hello.ml" ;;
# #quit;;
$
```

3.2　数据类型与函数

表达式求值　先进入交互式运行环境。如果输入一个表达式，例如 1+1;;，按 Enter 键后立刻可以看到这个表达式的类型 int 和求值结果 2。

```
$ ocaml
# 1+1;;
(* - : int = 2 *)
# "Hello" ^ " World!" ;;
(* - : string = "Hello World!" *)
```

这里向上的箭头符号用于连接两个字符串。

基本类型　OCaml 中用到的基本类型主要包含整型 int、浮点型 float、布尔类型 bool、字符型 char、字符串型 string、单元类型 unit。如果一个表达式没有一个有意义的值，如赋值或者循环命令，那么这个表达式就可以赋予单元类型。这个类型有一个唯一的值，记为"()"。在条件分支语句中，如果只有 if ⋯ then ⋯，而没有 else 分支，那么类型就是 unit。例如，

$$if \ !x > 0 \ then \ x := 0$$

是一条正确的语句，但

$$2 + (\text{if !x} > 0 \text{ then } 1)$$

不是合法的表达式。

在 OCaml 中，类型的转换，例如整型到浮点型的类型转换，需要显式地给出，不然会编译出错。

```
# 1 + 2.5 ;;
(* Error: This expression has type float but an expression was
expected of type int *)
```

OCaml 中用记号 "+" 表示整数的加法，对于浮点数的加法，用的记号是 "+."。类似的记号如 "-." "*." "/." 分别表示浮点数的减法、乘法、除法运算。

```
# 1 +. 2.5 ;;
(* Error: This expression has type int but an expression was
expected of type float *)
# (float_of_int 1) +. 2.5 ;;
(* - : float = 3.5 *)
```

这个例子中的函数 float_of_int 把整数 1 转换成浮点数 1.。

列表　OCaml 中的列表和 Coq 中的列表类似，用的是相同的记号。

```
# [1; 2; 3];;
(* - : int list = [1; 2; 3] *)
# 1 :: [2; 3] ;;
(* - : int list = [1; 2; 3] *)
```

定义函数　可用 let 语句定义一个函数。

```
# let average a b = (a +. b) /. 2.0;;
(* val average : float -> float -> float = <fun> *)

# average 3. 4.;;
(* - : float = 3.5 *)
```

在函数 average 中，两个形式参数紧跟在函数名之后。另一种写法是把形式参数放到等号右边，作为一个匿名函数的参数。

```
# let plus = fun x y -> x + y ;;
(* val plus : int -> int -> int = <fun> *)
# plus 2 3;;
```

匿名函数的使用和普通函数没有区别，直接把它作用于参数上即可。

```
# (fun a -> a + 5) 3 ;;
(* - : int = 8 *)
```

如果一个函数不带参数，那么定义的将是一个常函数。

```
# let v = 1 ;;
(* val v : int = 1 *)
```

注意，这里的 let 用法看起来有点像命令式语言（如 C 语言）中的变量赋值，但实际上是不同的。直观上，上面这条命令是给 1 取了一个永久的名字 v。为详细说明这一点，考虑下面的例子。

```
# let f x = x + v ;;
(* val f : int -> int = <fun> *)
# f 2 ;;
(* - : int = 3 *)
# let v = 10 ;;
(* val v : int = 10 *)
# v ;;
(* - : int = 10 *)
# f 2 ;;
(* - : int = 3 *)
```

之前我们给 1 取名字 v，后来给 10 也取名字 v，因此后来的 v 对应的值是 10。但是函数 f 用的是前一个名字 v，之后对 v 的改变不会影响函数 f。

这里讨论的 let 和 C 语言中的赋值语句至少有下面几点区别：①let 要求重新分配存储空间，而赋值会重复利用已有的存储空间；②let 可以声明一个复杂的结构甚至是一个对象，并为复杂结构分配空间，而赋值只能声明简单结构；③赋值可在循环体中改变循环变量，但 let 不可以。

局部变量 我们经常用“let ⋯ in ⋯”结构声明一个局部变量，而且允许嵌套使用。

```
# let a = 3 in a + 5 ;;
(* - : int = 8 *)
# let average a b =
    let sum = a +. b in
    sum /. 2.0;;
(* val average : float -> float -> float = <fun> *)
```

使用局部变量的一个重要目的是把一个复杂表达式中的重复部分用一个变量替代。下面的例子中，表达式 a +. b 出现两次。通常引入局部变量 x 来替换这个表达式，这里只需把 x 写两次，使得代码更精简。这里出现的记号 x**2 表示幂运算 x^2。

```
# let f a b = (a +. b) +. (a +. b) ** 2. ;;
(* val f : float -> float -> float = <fun> *)
# let f a b =
  let x = a +. b in
  x +. x ** 2. ;;
(* val f : float -> float -> float = <fun> *)
```

练习 3.1　依次执行下列语句，注意观察执行结果如何变化。

```
# let x = 1;;
# let x = 2 in x+1;;
# let x = 4;;
# let x = 2 in x+1;;
```

数组　与列表不同的是，可以直接访问并更改数组（array）中某个单元的数据值。

```
# let a = [| 1; 3; 5 |] ;;
(* val a : int array = [|1; 3; 5|] *)
# a.(0) ;;
(* - : int = 1 *)
# a.(2) <- 7 ;;
(* - : unit = () *)
# a ;;
(* - : int array = [|1; 3; 7|] *)
# let a = Array.make 5 "a" ;;
(* val a : string array = [|"a"; "a"; "a"; "a"; "a"|] *)
```

在上面的例子中，先创建一个数组，它包含 3 个单元。第一个单元的值为 a.(0)。命令 a.(2) <- 7 把第 3 个单元的值更改为 7。函数库 Array 中的函数 make 根据给定的初始值创建一个新数组。

结构或记录　在同一个数组中每个元素的类型必须相同，但是在一个结构（structure）或记录（record）中，不同元素的类型不一定相同。下面的例子定义了 pair_of_ints 和 complex 两个结构类型。数据 x 的类型为 complex 结构，它有两个数据域（field），其中 x.im 表示它的第二个域。

```
# type pairs = { a : int; b : bool };;
(* type pairs = { a : int; b : bool; } *)
# {a = 3; b = true};;
(* - : pairs = {a = 3; b = true} *)
# type complex = {re : float; im : float} ;;
(* type complex = { re : float; im : float; } *)
# let x = { re = 1.0; im = -1.0} ;;
```

```
(* val x : complex = {re = 1.; im = -1.} *)
# x.im ;;
(* - : float = -1. *)
```

若在一个结构的域名前面加关键字 `mutable`，则声明这个域是可修改的。下面例子中 person 类型的第二个域 age 是可修改的，结构 p 的类型是 person，命令 `p.age <- p.age + 1` 让 p.age 的值增加 1。

```
# type person = {name : string; mutable age : int} ;;
(* type person = { name : string; mutable age : int; } *)
# let p = { name = "John"; age = 20};;
(* val p : person = {name = "John"; age = 20} *)
# p.age <- p.age + 1;;
(* - : unit = () *)
# p.age;;
(* - : int = 21 *)
```

变体　如果一个类型的数据值有多种形式，用<u>变体</u>（variant）类型是比较合适的。下面定义 foo 为一个变体类型，它的数据值有四种情况。以第三种情况中出现的声明 `Pair of int * int` 为例，它表示对应的元素由构造子 Pair 后面跟一对自然数，如 Pair (3, 4)。

```
# type foo =
  | Nothing
  | Int of int
  | Pair of int * int
  | String of string;;
(* type foo = Nothing | Int of int | Pair of int * int
         | String of string *)
# Pair (3, 4);;
(* - : foo = Pair (3, 4) *)
```

递归变体　在变体类型 foo 的定义中，等式右边用到其他类型，如 int 和 string。如果在等式右边允许被定义的类型出现，则这个等式将是一个递归方程。OCaml 的确允许这样定义的变体类型，称为<u>递归变体</u>（recursive variant）。下面的例子利用变体类型定义二叉树类型。一棵二叉树只有两种形式：或者只有一个叶子节点，其中存有一个自然数；或者由左、右两棵子树组成。

```
# type binary_tree =
| Leaf of int
| Tree of binary_tree * binary_tree;;
(* type binary_tree = Leaf of int
                    | Tree of binary_tree * binary_tree *)
```

```
# Leaf 3;;
(* - : binary_tree = Leaf 3 *)
# Tree (Tree (Leaf 3, Leaf 4), Leaf 5);;
(* - : binary_tree = Tree (Tree (Leaf 3, Leaf 4), Leaf 5) *)
```

　　变体类型实质上对应着 Coq 中归纳定义的类型，语法定义也比较相像，每个构造子代表变体的一种情况，相互之间用竖线符号隔开。

　　参数化的变体　目前定义的二叉树所有叶子节点上存的是自然数，当然也可以定义一棵类似的二叉树使得叶子节点上存储字符串或者其他类型。如果不希望每次都重复类似的定义，可以使用参数化的变体（parameterized variant），在被定义的类型 binary_tree 前面插入一个类型变量'a，同时把构造子 Leaf 后面的类型 int 改成'a。

```
# type 'a binary_tree =
  | Leaf of 'a
  | Tree of 'a binary_tree * 'a binary_tree;;
(* type 'a binary_tree =
Leaf of 'a | Tree of 'a binary_tree * 'a binary_tree *)
# Tree (Leaf "hello", Tree (Leaf "John", Leaf "Smith"));;
(* - : string binary_tree =
Tree (Leaf "hello", Tree (Leaf "John", Leaf "Smith")) *)
# Leaf 3.1;;
(* - : float binary_tree = Leaf 3.1 *)
```

上面定义了两个二叉树的例子，其中一个为 string binary_tree，在叶子节点上存储字符串；另一个为 float binary_tree，在叶子节点上存储浮点数。换句话说，binary_tree 是多态二叉树类型。

　　再举一个例子，用参数化的变体定义多态列表类型 list，并给出两个列表数据值，具体类型分别为 int list 和 float list。

```
# type 'a list =
  | Nil
  | Cons of 'a * 'a list;;
(* type 'a list = Nil | Cons of 'a * 'a list *)
# Nil;;
(* - : 'a list = Nil *)
# Cons (1, Nil);;
(* - : int list = Cons (1, Nil) *)
# Cons (1.1, Cons(2.1, Nil));;
(* - : float list = Cons (1.1, Cons (2.1, Nil)) *)
```

　　多态函数　下面定义的函数 f 是恒等函数，对任何输入 x，返回结果都是 x，没有对参数 x 的类型做任何规定。这是一个多态函数（polymorphic function），可以看出其类型在 OCaml 中显示为'a -> 'a，这里的'a 代表一个类型变量。这个函数可以作用于一个整数值、一个布尔值，甚至一个函数。

```
# let f x = x ;;
(* val f : 'a -> 'a = <fun> *)
# f 3 ;;
(* - : int = 3 *)
# f true ;;
(* - : bool = true *)
# f print_int ;;
(* - : int -> unit = <fun> *)
# f print_int 1 ;;
(* 1- : unit = () *)
```

对于上面定义的 f 函数，如果不指定参数的类型，OCaml 总是尽可能自动推导出最一般的类型。在下面的例子中，compose 函数的类型比较复杂，用到'a、'b 和'c 三个类型变量。

```
# let compose f g = fun x -> f (g x) ;;
(* val compose : ('a -> 'b) -> ('c -> 'a) -> 'c -> 'b = <fun> *)
```

引用　在 OCaml 中用"let"或者"let … in …"结构声明的一个变量并不是普通命令式语言中的变量，因为它的值只可读不能写。真正的变量是允许被修改的。为实现这一目的，OCaml 中用**引用**（reference）。

```
# ref 0;;
(* - : int ref = {contents = 0} *)
# let my_ref = ref 0;;
(* val my_ref : int ref = {contents = 0} *)
# my_ref := 100;;
(* - : unit = () *)
# !my_ref;;
(* - : int = 100 *)
```

在上面的例子中，变量 my_ref 的类型不是 int，而是 int ref，它的初始值为 0，之后被重新赋值为 100。每次读取这个变量的值，都用记号!my_ref。需要注意的是，在 OCaml 内部实现时，引用不是一种新类型，而是预先定义好的一个记录类型，只包含一个可变的域，即

$$\text{type 'a ref = \{ mutable contents : 'a \}}$$

而 ref，! 和:= 都是**语法糖**（syntactic sugar）。

多元组　**多元组**（tuples）是非常常用的一种数据类型，不同组员之间的类型可以相同或不同。

```
# (1,2,3);;
(* - : int * int * int = (1, 2, 3) *)
# let v = (0, false, "window", 'a') ;;
(* val v : int * bool * string * char
        = (0, false, "window", 'a' ) *)
```

为访问一个多元组的不同组员，可用 let 构造。

```
# let (a, b, c, d) = v ;;
(* val a : int = 0
val b : bool = false
val c : string = "window"
val d : char = 'a'   *)
# print_string c;;
(* window- : unit = () *)
```

还可以利用多元组同时改变多个变量的值。在一般编程语言（如 C 语言）中，为交换两个变量的值，不得不引入一个临时变量，而且逐个改变每个变量的值，但在 OCaml 中只需一句代码就够了。

```
# let a, b = 1, 2 ;;
(* val a : int = 1
val b : int = 2 *)
# let a, b = b, a ;;
(* val a : int = 2
val b : int = 1 *)
```

在作为函数参数的时候，一个多元组只算作一个参数。例如，在下面的例子中，虽然二元组 (x,y) 中有两个变量，但函数 f 只把 (x,y) 作为一个类型为 int * int 的参数。

```
# let f (x,y) = x + y ;;
(* val f : int * int -> int = <fun> *)
# f (1,2);;
(* - : int = 3 *)
```

多元组的一个重要用途是方便在函数中同时返回多个值。下面的例子中用 "let rec" 构造定义一个递归函数，(division n m) 的返回值为二元组 (q, r)，表示 n 被 m 除所得到的商 q 和余数 r。

```
# let rec division n m =
    if n < m then (0, n)
    else let (q, r) = division (n-m) m in
```

```
      (q + 1, r) ;;
(* val division : int -> int -> int * int = <fun> *)
```

输出和输入 OCaml 提供了一些简单的打印输出函数，例如，函数 `print_int`、`print_string` 以及 `print_newline` 分别用于打印整数、字符串和回车符。在下面的函数 `print_pair` 中，我们串行组合 4 个输出函数，中间用分号隔开，实现分两行打印两个数字的功能。

```
# print_int 100;;
(* 100- : unit = () *)
# let print_pair (x, y) =
print_int x; print_newline (); print_int y; print_newline () ;;
(* val print_pair : int * int -> unit = <fun> *)
# print_pair (1,2);;
(* 1
2
-: unit = () *)
```

OCaml 也提供一些从终端读取输入的函数，例如常用的函数 `read_int` 和 `read_line` 分别读入一个整数和一行字符。

```
# let a = read_int ()
  in print_int a;;
# let name = read_line ()
  in print_string name ;;
```

模式匹配 因为变体类型的数据通常有不同形式，所以在使用的时候很自然会用模式匹配针对不同情况分别处理，这一点和 Coq 类似。举一个例子，我们先定义算术表达式类型 `expr`。一个表达式可以是字符串表示的变量，或者是由加、减、乘、除四种运算组合的表达式。

```
# type expr =
  | Plus of expr * expr (* 表示 a + b *)
  | Minus of expr * expr (* 表示 a - b *)
  | Times of expr * expr (* 表示 a * b *)
  | Divide of expr * expr (* 表示 a / b *)
  | Value of string (* "x", "y", "n", etc. *);;
```

接下来定义一个转换函数 `rec_to_string`，把前缀表达式转换成中缀形式，以字符串的形式显示。

```
# let rec to_string e =
  match e with
```

```
  | Plus (left, right) ->
    "(" ^ to_string left ^ " + " ^ to_string right ^ ")"
  | Minus (left, right) ->
    "(" ^ to_string left ^ " - " ^ to_string right ^ ")"
  | Times (left, right) ->
    "(" ^ to_string left ^ " * " ^ to_string right ^ ")"
  | Divide (left, right) ->
    "(" ^ to_string left ^ " / " ^ to_string right ^ ")"
  | Value v -> v;;
(* val to_string : expr -> string = <fun> *)
```

下面测试 to_string 的使用, 把 expr 类型的表达式转换成字符串然后输出给终端。

```
# let print_expr e = print_endline (to_string e);;
(* val print_expr : expr -> unit = <fun> *)
# print_expr (Times (Value "n", Plus (Value "x", Value "y")));;
(* (n * (x + y))
- : unit = () *)
```

如果一个函数在定义中直接对最后一个参数进行模式匹配, 我们有一种简单的写法:

```
# let rec length l =
    match l with
    | [] -> 0
    | h :: t -> 1 + length t ;;
```

上面这个函数可以改写为下面的形式:

```
# let rec length = function
    | [] -> 0
    | h :: t -> 1 + length t ;;
```

这里的 function 是一个关键字, 其后不用写 match。

练习 3.2　假设考虑两类表达式: 算术表达式由整数常量和加、减、乘、除四种运算构成; 布尔表达式由布尔常量和与、或、非、蕴含连接词, 以及算术表达式的比较符号 (小于、大于、等于) 构成。定义这两类表达式的类型以及对它们求值的函数。例如,

$$(5 + 7 < 6 \times 2) \wedge (10/2 > 3 - 1) \to \text{true}$$

是一个合法的布尔表达式, 对它求值的结果应该为 true。

占位符　在模式匹配中, 可以用下画线做占位符, 匹配任何我们不关心或者缺省的情况。下面定义函数 xor, 用二元组取一对布尔值, 做异或运算。

```
# let xor p = match p
  with (true, false) | (false, true) -> true
  | _ -> false;;
(* val xor : bool * bool -> bool = <fun> *)
# xor (true, true);;
(* - : bool = false *)
```

选择类型　有时候我们会碰到一些函数，在大多数情况下返回某种正常类型的值，但是在特殊情况下没有返回值。例如，假设函数 `hd` 的功能是取一个列表的头元素。对于非空列表 `l`，则 `hd l` 总能返回一个值。如果 `l` 是空列表怎么办？解决方案之一是提供一个缺省的值。OCaml 给我们提供了另一种方案，即利用<u>选择类型</u>（option type）。可用 `Some 20` 表示一个正常返回值，而用 `None` 表示非正常返回值。

```
# Some 20 ;;
- : int option = Some 20
# None ;;
- : 'a option = None
```

利用选择类型，可以定义一个可读性更好的 `hd` 函数：

```
# let hd = function
    | [] -> None
    | h :: t -> Some h ;;
val hd : 'a list -> 'a option = <fun>
```

流类型　先引入<u>延迟计算</u>（delayed computation）的概念，它表示把一段代码放入一个匿名函数

```
(fun () -> ...)
```

这种没有形式参数的匿名函数通常称为 thunk。在调用这个函数之前，它的函数体中的代码不会被求值，因此就可以表示延迟计算。

一个<u>流</u>（stream）是一个可能无限长的列表，其类型定义如下。

```
# type 'a stream =
    Nil
  | Cons of 'a * (unit -> 'a stream);;
(* type 'a stream = Nil | Cons of 'a * (unit -> 'a stream) *)
```

这个定义与多态列表类型的定义很接近，但是我们利用 thunk 来延迟创建尾列表，即仅当我们需要的时候才创建，从而得到一个可能无限长的列表。

```
# let rec ones = Cons (1, fun () -> ones);;
```

```
(* val ones : int stream = Cons (1, <fun>) *)

#let rec from (n : int) =
    Cons (n, fun () -> from (n+1))
 let nats = from 0 ;;
(* val from : int -> int stream = <fun>
val nats : int stream = Cons (0, <fun>) *)
```

上面创建的流 ones 的头部是 1，尾部是自身。因此，这是一个由 1 组成的无限长的流。但那么多的 1 在哪里呢？答案是它们还没有被创建出来，只有当我们需要的时候才被创建！同理，流 nats 表示所有自然数。下面定义一些流上面的操作：(hd s) 取流 s 的头元素；除去头元素以后剩下的流为 (tl s)；(nth s n) 返回 s 中从头开始数的第 n 个元素；(take s n) 取 s 中的前 n 个元素，组成一个列表。

```
# let hd (s : 'a stream) : 'a =
  match s with
    Nil -> failwith "hd"
  | Cons (x, _) -> x

let tl (s : 'a stream) : 'a stream =
  match s with
    Nil -> failwith "tl"
  | Cons (_, g) -> g ()

let rec nth (s : 'a stream) (n : int) : 'a =
  if n = 0 then hd s else nth (tl s) (n - 1)

let rec take (s : 'a stream) (n : int) : 'a list =
  if n <= 0 then [] else
  match s with
    Nil -> []
  | _ -> hd s :: take (tl s) (n - 1) ;;
(* val hd : 'a stream -> 'a = <fun>
val tl : 'a stream -> 'a stream = <fun>
val nth : 'a stream -> int -> 'a = <fun>
val take : 'a stream -> int -> 'a list = <fun> *)
```

下面测试这些操作。

```
# hd (tl ones);;
(* - : int = 1 *)
# nth ones 100000000;;
(* - : int = 1 *)
```

```
# take nats 10;;
(* - : int list = [0; 1; 2; 3; 4; 5; 6; 7; 8; 9] *)
```

练习 3.3 参照列表上的一些相应函数，定义流上面的映射函数 map 和过滤函数 filter。

下面创建一些更有趣的例子。流 fib 和 primes 分别表示斐波那契数列和所有素数组成的数列。

```
# let fib : int stream =
  let rec fibgen (a : int) (b : int) : int stream =
    Cons(a, fun () -> fibgen b (a + b))
  in fibgen 1 1 ;;
(* val fib : int stream = Cons (1, <fun>) *)


# take fib 10;;
(* - : int list = [1; 1; 2; 3; 5; 8; 13; 21; 34; 55] *)


# let sift (p : int) : int stream -> int stream =
  filter (fun n -> n mod p <> 0)

let rec sieve (s : int stream) : int stream =
  match s with Nil -> Nil
  | Cons (p, g) -> Cons (p, fun () -> sieve (sift p (g ())))

let primes = sieve (from 2);;
(* val sift : int -> int stream -> int stream = <fun>
val sieve : int stream -> int stream = <fun>
val primes : int stream = Cons (2, <fun>) *)


# take primes 10;;
(* - : int list = [2; 3; 5; 7; 11; 13; 17; 19; 23; 29] *)
```

3.3 控制结构

条件分支 在 3.2 节中我们已经用到条件分支结构 "if ··· then ··· else" 或者 "if ··· then ···"。下面再举一个例子，其中定义的函数 max 取两个输入参数中较大的那个。注意，因为比较运算符 ">" 是多态的，所以可以比较两个整数、浮点数，或者字符串，那么定义出来的函数 max 也是多态的。

```
# let max a b =
  if a > b then a else b;;
```

```
(* val max : 'a -> 'a -> 'a = <fun> *)
# max 2 3;;
(* - : int = 3 *)
# max 2.1 5.4;;
(* - : float = 5.4 *)
# max "a" "b";;
(* - : string = "b" *)
```

需要注意的是，同一个条件判定语句中的不同分支必须有相同的类型。

```
# if 2 > 1 then 0 else "foo";;
(* Line 1, characters 21-26:
Error: This expression has type string but an expression was
        expected of type int *)
```

for 循环　　OCaml 语言中的 for 循环与其他语言（如 C 语言）中的 for 循环类似。
下面的例子结合 for 循环和引用类型，实现对从 1 到 10 的数字求和。

```
# let sum = ref 0 in
  for i = 1 to 10 do
    sum := !sum + i
  done ;
print_int !sum;;
(* 55- : unit = () *)
```

while 循环　　同样，while 循环也与一般命令式语言中的 while 循环类似。下面的程
序片段演示 while 循环和引用类型的使用，只要用户输入的字符串不以字符 'y' 开始，该
程序中的循环便不结束。

```
# let flag = ref false in
  while not !flag do
    print_string "Terminate? (y/n)";
    let str = read_line () in
    if str.[0] = 'y' then
      flag := true
  done;;
(* Terminate? (y/n)n
Terminate? (y/n)abc
Terminate? (y/n)y
- : unit = () *)
```

再看一个例子。为判断一个数值 x 是否出现在数组 a 中，先用 while 循环实现这一
功能。

```
# let array_mem x a =
  let len = Array.length a in
  let flag = ref false in
  let i = ref 0 in
    while !flag = false && !i < len do
      if a.(!i) = x then
        flag := true;
      i := !i + 1
    done;
    !flag ;;
(* val array_mem : 'a -> 'a array -> bool = <fun> *)
# array_mem 1 [| 3; 1; 6; 7 |];;
(* - : bool = true *)
```

上面的循环结构也可用 for 循环实现，两种实现方式的代码长度差不多。

```
# let array_mem' x a =
  let flag = ref false in
    for i = 0 to Array.length a - 1 do
      if a.(i) = x then
        flag := true
    done;
    !flag ;;
(* val array_mem' : 'a -> 'a array -> bool = <fun> *)
# array_mem' 1 [| 3; 5; 1; 7 |];;
(* - : bool = true *)
# array_mem 7 [| 3; 5; 1; 6|];;
(* - : bool = false *)
```

递归函数   函数式编程语言的重要特征之一是递归函数，用 "let rec ⋯" 构造。下面的函数（range a b）实现的功能是把从 a 到 b 的所有数字以升序次序列出，放入一个列表中；如果 a 比 b 大，则返回空表。

```
# let rec range a b =
  if a > b then []
  else a :: range (a+1) b;;
(* val range : int -> int -> int list = <fun> *)
# range 1 5;;
(* - : int list = [1; 2; 3; 4; 5] *)
```

可以改写这个函数，以*尾递归*（tail recursion）的方式实现。尾递归是指一个函数中最后执行的操作是递归调用。OCaml 针对尾递归有特殊优化措施，可以提高执行效率。

```
# let rec range2 a b accum =
  if b < a then accum
  else range2 a (b-1) (b :: accum);;
(* val range2 : int -> int -> int list -> int list = <fun> *)
# let range a b = range2 a b [];;
(* val range : int -> int -> int list = <fun> *)
```

下面用递归函数实现阿克曼函数。

```
# let rec ack m n =
  if m = 0 then n + 1
  else if n = 0 then ack (m-1) 1
  else if m > 0 && n > 0 then ack (m-1) (ack m (n-1))
  else failwith "Negative parameters" ;;
(* val ack : int -> int -> int = <fun> *)
# ack 3 3;;
(* - : int = 61 *)
```

最后，举一个用牛顿法迭代求平方根的例子。假设我们希望求 a 的平方根。从任意一个估计的数值 x_0 开始，用下面的公式求一个更好的估计：

$$x_{n+1} = \frac{x_n + a/x_n}{2}$$

重复迭代计算，直到 x_{n+1} 和 x_n 的差别小于一个给定的精度 ϵ 为止。这样可以得到 a 在给定精度范围内的平方根估计。

```
# let sqrt a =
  let epsilon = 1.0e-5 in
  let rec sqroot a x x' =
    if abs_float (x -. x') < epsilon then x'
    else let x'' = (x +. a /. x) /. 2.0 in
        sqroot a x' x''
  in sqroot a 1. 2. ;;
(* val sqrt : float -> float = <fun> *)
```

测试刚才定义的 sqrt 函数，的确能得到给定数值在规定精度范围内的一个平方根估计值。

```
# sqrt 9. ;;
- : float = 3.00000000139698386
```

练习 3.4　以尾递归的方式定义函数 fact，求输入自然数 n 的阶乘 $n!$。

练习 3.5　给定两个非零自然数 m 和 n，它们的最大公约数 $\gcd(m, n)$ 可由欧几里得算法求得，利用到下面这个递归函数：

$$
\gcd(m, n) = \begin{cases} m & m = n \\ \gcd(m - n, n) & m > n \\ \gcd(m, n - m) & m < n \end{cases}
$$

请在 OCaml 中实现 gcd 函数。

练习 3.6   用本节开始部分定义的 max 函数，实现一个新的函数 (maxlist list)，求列表 list 中的最大元素。

练习 3.7   定义一个二叉树类型，使得所有叶子节点不存储数字，而每个内部节点存储一个自然数。

（1）定义函数 size 计算一棵树的规模，即所有节点的数目。

（2）定义函数 total 计算一棵树所有节点上存储的数字总和。

（3）定义函数 maxdepth 计算一棵树的高度。

（4）定义函数 list_of_tree，中序遍历一棵树，把得到的数字序列存到一张列表中。

相互递归   在 OCaml 中定义函数时可以使用相互递归（mutual recursion），即同时定义多个函数且互相调用。下面的例子中，我们同时定义了 fact 和 fact1 两个函数，前者的定义用到后者，反之亦然。

```
# let rec fact n =
    if n = 0 then 1
    else n * fact1 n
and fact1 = fact (n-1);;
(* val fact : int -> int = <fun>
val fact1 : int -> int = <fun> *)
# fact 5;;
(* - : int = 120 *)
```

练习 3.8   用 for 循环实现阶乘函数 fact，并与用递归函数定义的阶乘函数做对比。

3.4　高阶函数

2.7 节介绍了 Coq 使用的高阶函数。在 OCaml 中，高阶函数的定义和使用与 Coq 中很类似，这里通过四个例子说明高阶函数的用法：映射函数、管道函数、求积分和求高阶导数。

```
# let rec map f l =
  match l with
  [] -> []
```

```
    | h :: t -> f h :: map f t ;;
let halve x = x / 2 ;;
# map halve [10; 20; 30];;
(* - : int list = [5; 10; 15] *)
```

　　管道操作（pipeline operator）可由高阶函数实现。之所以取这个名字，是因为函数 pipeline 像管道一样把第一个参数的值传给第二个参数（通常是另一个函数），计算出的结果作为这根管道的输出值，再流向下一根管道。

```
# let pipeline x f = f x
let ( |> ) = pipeline
let x = 5 |> fun x -> 2 * x |> fun x -> x + 8 ;;
(* val pipeline : 'a -> ('a -> 'b) -> 'b = <fun>
val ( |> ) : 'a -> ('a -> 'b) -> 'b = <fun>
val x : int = 18 *)
```

　　下面定义的积分函数 integral 是一个高阶函数，实现的功能是求某个输入函数 f 在 $[0,1]$ 区间的积分。具体求解思路是把 $[0,1]$ 区间等分成 100 个小区间，以 f 在每个小区间左端点的取值为高做一个宽度为 1/100 的长方形，将所有长方形面积之和当作 f 最后的积分结果。

```
# let integral f =
    let n = 100 in
    let s = ref 0.0 in
    for i = 0 to n-1 do
      let x = float i /. float n in
        s := !s +. f x
    done;
    !s /. float n ;;
(* val integral : (float -> float) -> float = <fun> *)
# integral sin;;
(* - : float = 0.455486508387318301 *)
# integral (fun x -> x *. x) ;;
(* - : float = 0.328350000000000031 *)
```

　　下面的例子比较复杂，它尝试求一个函数的高阶导数。这里需要的准备工作包括定义一次求导函数 derivative 和把一个函数多次作用的幂运算 power，后者的定义用到相互递归，因为它涉及函数复合的运算 compose。这些函数都定义好之后，便可以实现 sin 函数的三阶导数。

```
# let derivative dx f = fun x -> (f (x +. dx) -. f x) /. dx ;;
(* val derivative : float -> (float -> float) -> float -> float
                  = <fun> *)
```

```
# let rec power f n =
    if n = 0 then fun x -> x
    else compose f (power f (n-1))
and compose f g = fun x -> f (g x) ;;
(* val power : ('a -> 'a) -> int -> 'a -> 'a = <fun>
val compose : ('a -> 'a) -> ('a -> 'a) -> 'a -> 'a = <fun> *)


# let sin''' = power (derivative 1e-5) 3 sin;;
(* val sin''' : float -> float = <fun> *)
```

3.5 记忆

记忆函数（memorized function）能把它的返回值存在一个缓存区中，目的是将来再调用这个函数时，不必每次都重新计算，而是先在缓存区中查询已有结果。我们将利用哈希表（hash table）做缓存区。这是一个命令式编程风格的数据结构。OCaml 提供的 Hashtbl 模块中已经实现了一些操作，我们需要用到的是下面 3 个操作。

- (Hashtbl.create n)：用于创建一张新表，其中参数 n 决定表的初始规模。
- (Hashtbl.replace ht k v)：向表 ht 中加入一个新的键 -值对 (k,v)。如果关键字 k 已经存在，它对应的值将被替换为 v。
- (Hashtbl.find ht k)：在表 ht 中搜索关键字 k 对应的值。

例如，可以定义一个具有缓存功能的函数用于计算斐波那契数。

```
# let rec fib n =
    let ht = Hashtbl.create 10 in
    Hashtbl.replace ht 0 0;
    Hashtbl.replace ht 1 1;
    try Hashtbl.find ht n with
    | Not_found ->
        let v = fib (n-1) + fib (n-2) in
        Hashtbl.replace ht n v;
        v ;;
(* val fib : int -> int = <fun> *)


# fib 30;;
(* - : int = 832040 *)
```

甚至可以定义一个高阶函数 mem，目的是把任何函数转换成一个具有缓存功能的版本。

```
# let mem f =
```

```
    fun x ->
        let ht = Hashtbl.create 10 in
        try Hashtbl.find ht x with
        | Not_found ->
            let res = f x in
            Hashtbl.replace ht x res;
            res

let sqrt_int = mem (fun x -> sqrt (float x));;

# sqrt_int 120;;
(* - : float = 10.9544511501033224 *)
```

3.6　异常

OCaml 自身有一部分预先定义好的异常，另外还允许用户自定义异常。为抛出一个异常，可用关键字 raise；为捕获异常，我们用 "try $\cdots$ with e_1 -> n_1 | e_2 -> n_2" 的构造，即遇到异常 e_1 便返回结果 n_1，遇到 e_2 便返回结果 n_2。

```
# 1 / 0;;
(* Exception: Division_by_zero. *)
# try
1 / 0
with Division_by_zero -> 13;;
(* - : int = 13 *)
# exception My_exception ;;
(* exception My_exception *)
# try
 if true then
  raise My_exception
 else 0
with My_exception -> 13;;
(* - : int = 13 *)
```

用户自定义的异常可以带参数，以便返回更多的错误信息。

```
# exception Exception1 of string;;
# exception Exception2 of int * string;;
# let except b =
  try
    if b then
      raise (Exception1 "aaa")
```

```
    else
      raise (Exception2 (13, " bbb"))
  with Exception1 s -> "Exception1: "^s
   |Exception2 (n, s) -> "Exception2 "^string_of_int n ^ s ;;
(* val except : bool -> string = <fun> *)
# except true;;
(* - : string = "Exception1: aaa" *)
# except false;;
(* - : string = "Exception2 13 bbb" *)
```

3.7 排序

为了对一个列表中的元素进行排序，下面介绍两种排序算法：插入排序和快速排序。

插入排序　下面的函数 `insertion_sort` 是一个多态函数，可以对给定列表中的元素进行升序排列。插入排序的思想很简单，对于一个非空列表，首先以递归的方式把表尾排好序，然后将表头插入适当的位置。

```
# let rec insertion_sort = function
    | [] -> []
    | x :: l -> insert x (insertion_sort l)
and insert a = function
    | [] -> [a]
    | x :: l -> if a < x then a :: x :: l
                else x :: insert a l ;;
(* val insertion_sort : 'a list -> 'a list = <fun>
val insert : 'a -> 'a list -> 'a list = <fun> *)

# insertion_sort [2; 1; 3; 0];;
(* - : int list = [0; 1; 2; 3] *)

# insertion_sort ["how"; "are"; "you"] ;;
(* - : string list = ["are"; "how"; "you"] *)
```

快速排序　下面定义函数 `quicksort` 来实现快速排序。注意，这里嵌套使用"let rec ···"和"let ···"构造。局部定义的函数 `partition` 起着重要作用，把列表 `list` 中所有小于 `h` 的元素放到左边，其余元素放到元素 `h` 的右边，然后对这两个子列表递归进行快速排序再拼接起来。

```
# let rec quicksort l =
    match l with
    | [] -> []
```

```
   | [x] -> [x]
   | h::tl ->
    let rec partition list =
     match list with
     | [] -> [], []
     | a::list' ->
       let (left, right) = partition list' in
        if a < h then (a :: left, right)
        else (left, a :: right)
    in let (l, r) = partition tl in
       (quicksort l) @ (h :: quicksort r);;
(* val quicksort : 'a list -> 'a list = <fun> *)
# quicksort [2; 5; 1; 7; 3; 9; 3; 0; 10];;
(* - : int list = [0; 1; 2; 3; 3; 5; 7; 9; 10] *)
```

3.8　队列

队列（queue）是一种常用的数据结构。目前我们接触到的与之最接近的数据结构是列表，事实上，如果有两个列表，就足以实现一个队列。例如，如果列表 i = [1;2;3]，列表 o = [6;5;4]，我们假想它们尾部相连，则表示一个队列，其中元素为 [1;2;3;4;5;6]。每次入队的元素都放在列表 i 做头元素，出队的元素取列表 o 的头元素。只要 o 非空，出队就不用做任何特殊操作；如果 o 为空，需要把 i 中的元素倒置后作为新的 o，同时新的 i 为空。只有 i 和 o 均为空，我们的列表才为空，不能完成出队操作。

```
# let rec rev l =
   match l with
   | [] -> []
   | h :: t -> rev t @ [h] ;;
(* val rev : 'a list -> 'a list = <fun> *)

# let create () = [], [];;
(* val create : unit -> 'a list * 'b list = <fun> *)

# let push x (i, o) = (x :: i, o) ;;
(* val push : 'a -> 'a list * 'b -> 'a list * 'b = <fun> *)

# let pop q =
  let (i, o) = q in
   match o with
   | x :: o' -> x, (i, o')
```

```
    | [] -> match rev i with
          | x :: i' -> x, ([], i')
          | [] -> raise Empty ;;
(* val pop : 'a list * 'a list -> 'a * ('a list * 'a list)
          = <fun> *)


# push 2 ([1],[]);;
(* - : int list * 'a list = ([2; 1], []) *)
# pop ([2; 1], []);;
(* - : int * (int list * int list) = (1, ([], [2])) *)
```

练习 3.9 给定两个表示集合的列表l1和l2，定义函数(subset l1 l2)表示子集包含关系，即该函数返回true当且仅当l1是l2的子集。例如，

```
# subset [1;2;3] [3;4;5;2;6;1];;
- : bool = true
```

练习 3.10 定义函数(noredundancy l)来移去列表 l 中所有冗余的元素。例如，

```
# noredundancy [1;2;1;3;4;3];;
- : int list = [2; 1; 4; 3]
```

练习 3.11 定义一个多态类型 'a tree 表示一棵树，其形式有三种：
- 一棵空树；
- 一个叶子节点，它有一个类型为 'a 的标号；
- 一个内部节点，标号为 'a 类型，且有两个类型为 'a tree 的儿子。

这个类型声明应该允许下面这棵树被构造出来：

```
# let tree1 = Node (5, Node (4, Leaf 3, Empty),
                      Node (8, Node (7, Leaf 6, Empty),
                             Node (9, Empty, Leaf 10))) ;;
```

练习 3.12 定义函数 labels，使得 (labels t) 把类型为 'a tree 的树 t 上叶子和内部节点的标号列出来，次序依照这棵树中序遍历的次序。例如，

```
# labels tree1;;
(* - : int list = [3; 4; 5; 6; 7; 8; 9; 10] *)
```

练习 3.13 定义函数 replace x y t，其中 t 是类型为 'a tree 的树，x 和 y 是类型为 'a 的值。该函数返回一棵与 t 相同的树，但是所有标号 x 被替换为标号 y。例如，

```
# let tree2 = replace 4 40 tree1;;
 (* val tree2 : int tree =
  Node (5, Node (40, Leaf 3, Empty),
          Node (8, Node (7, Leaf 6, Empty),
                  Node (9, Empty, Leaf 10))) *)
# labels tree2;;
 (* - : int list = [3; 40; 5; 6; 7; 8; 9; 10] *)
```

练习 3.14 定义函数 replaceEmpty y t, 其中 y 和 t 都是类型为 'a tree 的树。
该函数返回一棵与 t 相同的树, 但是 t 中的每棵 Empty 子树都被 y 替代。例如,

```
# let tree3 = replaceEmpty (Node (12,Leaf 11,Leaf 13)) tree1 ;;
(* val tree3 : int tree =
  Node (5, Node (4, Leaf 3, Node (12, Leaf 11, Leaf 13)),
   Node (8, Node (7, Leaf 6, Node (12, Leaf 11, Leaf 13)),
    Node (9, Node (12, Leaf 11, Leaf 13), Leaf 10))) *)
# labels tree3;;
(* - : int list =
[3; 4; 11; 12; 13; 5; 6; 7; 11; 12; 13; 8; 11; 12; 13; 9; 10] *)
```

练习 3.15 定义函数 mapTree f t, 其中 t 是类型为 'a tree 的树, f 是一个函
数, 作用于 t 上每一个节点 Node, Leaf 和 Empty, 最终得到的结果为另一棵树。例如,
假如函数 increment 的定义如下:

```
let increment t =
  match t with
  | Empty -> Leaf 0
  | Leaf a -> Leaf (a+1)
  | Node (a, l, r) -> Node (a+1, l, r) ;;
```

那么有

```
# let tree4 = mapTree increment tree1;;
(* val tree4 : int tree =
  Node (6, Node (5, Leaf 4, Leaf 0),
          Node (9, Node (8, Leaf 7, Leaf 0),
                  Node (10, Leaf 0, Leaf 11))) *)
# labels tree4;;
(* - : int list = [4; 5; 0; 6; 7; 8; 0; 9; 0; 10; 11] *)
```

练习 3.16 定义一个多态函数 sortTree, 给定一个 'a list tree (每个节点的
标号为一个元素类型为 'a 的列表), 返回一棵与原来相同的树, 但是每个节点的标号已

经排好序。请在 sortTree 中应用 mapTree 函数。例如，先创建一棵 int list tree，然后调用 sortTree。

```
# let tree5 = Node ([1;5;6;8], Leaf [1;2;3;4],
  Node ([12;4;16;13], Empty, Leaf [0;2;5;7])) ;;
(* val tree5 : int list tree =
  Node ([1; 5; 6; 8], Leaf [1; 2; 3; 4],
    Node ([12; 4; 16; 13], Empty, Leaf [0; 2; 5; 7])) *)
# labels tree5;;
(* - : int list list =
[[1; 2; 3; 4]; [1; 5; 6; 8]; [12; 4; 16; 13]; [0; 2; 5; 7]] *)
# let tree6 = sortTree tree5;;
(* val tree6 : int list tree =
  Node ([1; 5; 6; 8], Leaf [1; 2; 3; 4],
    Node ([4; 12; 13; 16], Empty, Leaf [0; 2; 5; 7])) *)
# labels tree6;;
(* - : int list list =
[[1; 2; 3; 4]; [1; 5; 6; 8]; [4; 12; 13; 16]; [0; 2; 5; 7]] *)
```

3.9 模块

为了便于管理大段代码，引入模块是有必要的。下面的例子定义了一个名为 M 的模块，其中有一个值为 1 的变量 x。为了在模块外访问这个变量，我们用 M.x。如果用 open M 把这个模块打开，则可以直接访问变量 x。

```
# module M = struct let x = 1 end ;;
(* module M : sig val x : int end *)
# M.x ;;
(* - : int = 1 *)
# open M;;
# x;;
(* - : int = 1 *)
```

为描述一组相关的模块，可以用模块类型（module type）。下面的定义给出了栈的模块类型：

```
# module type Stack = sig
  type 'a stack
  val empty    : 'a stack
  val is_empty : 'a stack -> bool
  val push     : 'a -> 'a stack -> 'a stack
  val peek     : 'a stack -> 'a
```

```
  val pop        : 'a stack -> 'a stack
end ;;
```

这里定义的模块类型的名字是 Stack。等号右边部分从 sig 到 end 是一个<u>签名</u>（signature），由一系列声明组成。下面给出一个用列表实现栈的具体模块 ListStack。等号右边从 struct 到 end 匹配 Stack 的签名，为签名中所有声明的（甚至更多）名字提供定义。

```
# module ListStack : Stack = struct
  type 'a stack = 'a list
  let empty = []
  let is_empty s = (s = [])

  let push x s = x :: s

  let peek = function
    | [] -> failwith "Empty"
    | x::_ -> x

  let pop = function
    | [] -> failwith "Empty"
    | _::xs -> xs
end ;;
```

模块类型 Stack 的签名中声明的类型 'a stack 是<u>抽象的</u>（abstract），即任何实现 Stack 类型的模块都有一个名为 'a stack 的类型，但在模块内具体被定义成什么类型在模块外是不可见的。例如，如果在 UTop 中查看 ListStack.empty 的类型，只能看到 <abstr>，表明这个类型的值已经被抽象。

```
# ListStack.empty;;
(* - : 'a ListStack.stack = <abstr> *)
```

下面这个模块 VariantStack 用变体类型而不是列表来实现栈。

```
# module VariantStack : Stack = struct
  type 'a stack =
  | Empty
  | Elem of 'a * 'a stack

  let empty = Empty
  let is_empty s = s = Empty
  let push x s = Elem (x, s)
  let peek = function
```

```
    | Empty -> failwith "Empty"
    | Elem(x,_) -> x
  let pop = function
    | Empty -> failwith "Empty"
    | Elem(_,s) -> s
end ;;
```

练习 3.17 给定如下表示集合操作的模块类型 Set，提供基于列表的两个模块实现，其中一个允许列表中有重复元素，另一个不允许列表中有重复元素。

```
# module type Set = sig
  type 'a t
  val empty : 'a t
  val mem   : 'a -> 'a t -> bool
  val add   : 'a -> 'a t -> 'a t
end ;;
```

练习 3.18 给定如下表示队列的模块类型 Queue，请提供一个基于单链表思想的队列模块实现。

```
# module type Queue = sig
  type 'a queue
  val create : unit -> 'a queue  (* 创建空队列 *)
  val is_empty : 'a queue -> bool  (* 判定队列是否为空 *)
  val enq : 'a -> 'a queue -> unit  (* 入队 *)
  val deq : 'a queue -> 'a  (* 出队 *)
  val length : 'a queue -> int  (* 求队列的长度 *)
end ;;
```

3.10　函子

函子（functor）是带参数的模块，可看作一个从模块到模块的函数。下面定义的函子 Pushone 把一个 Stack 类型的模块转换成另一个模块类型为 sig val x : int end 的模块。

```
# module Pushone (S : Stack) = struct
  let x = S.peek (S.push 1 S.empty)
end ;;
(* module Pushone: functor (S : Stack) -> sig val x : int end *)
```

一种等效的写法是用关键字 functor 创建一个匿名函子，就像用关键字 fun 创建一个匿名函数。

```
# module Pushone = functor (S : Stack) ->
  struct let x = S.peek (S.push 1 S.empty) end ;;
```

有了函子 Pushone，接下来把它分别作用到实现栈的两个具体模块 ListStack 和 VariantStack 上，很轻松地创建 A 和 B 两个新模块。

```
# module A = Pushone (ListStack);;
# module B = Pushone (VariantStack);;
# A.x;;
(* - : int = 1 *)
# B.x;;
(* - : int = 1 *)
```

OCaml 提供了一个称为 include 的语言特征，可以进行代码复用。比如，它可以使得一个模块包含另一个模块所定义的所有值。下面的例子结合 include 与函子，把给定的任何 Stack 类型的模块转换为一个扩展模块，以增加一个保存栈元素的值 x。

```
# module Addone (S : Stack) = struct
  include S
  let x = S.push 1 S.empty
end ;;
(* module Addone :
  functor (S : Stack) ->
    sig
      type 'a stack = 'a S.stack
      val empty : 'a stack
      val is_empty : 'a stack -> bool
      val push : 'a -> 'a stack -> 'a stack
      val peek : 'a stack -> 'a
      val pop : 'a stack -> 'a stack
      val x : int stack
    end *)
```

我们利用 Addone 创建模块 A 和 B，它们都具有各自原始模块中的值 peek 以及新增加的值 x。

```
# module A = Addone(ListStack);;
# module B = Addone(VariantStack);;
# A.peek A.x;;
(* - : int = 1 *)
# B.peek B.x;;
(* - : int = 1 *)
```

3.11 单子

单子（monad）是来自范畴论的一个概念，意大利学者优吉尼奥·莫及（Eugenio Moggi）把它引入函数式程序设计，用于模拟计算。通常，一个计算可看作一个数学函数，把输入映射到输出，同时可能引起副作用，例如打印输出到屏幕。单子为副作用提供一种抽象处理方法，使得副作用只按照受控制的次序发生。

在 OCaml 中，一个单子是满足两个性质的一个模块。首先，它的签名如下：

```
module type Monad = sig
  type 't
  val return : 'a -> 'a t
  val bind : 'a t -> ('a -> 'b t) -> 'b t
end
```

其次，它遵循三条定律，本节最后会讨论。

上面的签名中有两个操作，其中 return 的直观意义是把一个值放进一个盒子，这可以从它的类型看出来，把'a 类型的输入变成'a t 类型的输出。另一个操作 bind 需要用到两个输入参数：一个是类型为'a t 的盒子；另一个是能把类型为'a 不带盒子的值转换成一个类型为'b t 的盒子的函数。bind 先把第一个参数中的值从盒子中取出，然后把第二个参数作用上去，返回最终结果。从计算的角度看，bind 操作把副作用一个接一个串联起来。以打印输出为例，bind 操作确保一个接一个的字符串以正确的次序输出。通常我们把 bind 写成中缀运算符 >>=，即单子的签名定义可改写如下：

```
module type Monad = sig
  type 't
  val return : 'a -> 'a t
  val (>>=) : 'a t -> ('a -> 'b t) -> 'b t
end
```

下面以除法运算为例讨论单子的使用。OCaml 内置的整数除法运算 (/) 类型为：int -> int -> int 定义在标准库中。如果第二个输入参数为零，则产生一个错误。现在考虑另一种解决方案，运用 3.2 节介绍的选择类型，修改除法运算函数的类型为如下新的形式 (/): int -> int -> int option，目的是当除数为零时返回结果 None。对单个除法运算而言，第二种方案的确比原先的方案好，但是如果和其他加法、减法、乘法等整数运算放在一起使用会引起一个问题。例如，表达式 1 + (2/1) 将不能通过类型检查，原因在于我们不能把类型为 int 的数值加到类型为 int option 的值上。为解决这个新问题，可以把所有整数运算都改成输入输出均为 int option 类型的运算。于是我们把整数运算"升级"（upgrade）为一个 int option 类型的整数运算，处理的值可能为整数（一般形式为 Some n，其中 n 为一个整数），也可能为 None。形象地说，这些值好比一个个盒子，每个盒子可能装有一个整数，也可能是空的。下面用单子的思想实现对 int option 类型的运算。

第一个单子操作是 return，实现很容易。

```
let return (n : int) : int option =
  Some n
```

第二个单子操作是 bind，对于输入为 int option 类型的值，我们分两种情况处理：如果是 Some n 的形式，就对 n 做正常的整数运算；如果是 None，返回结果仍然是 None。

```
let bind (x : int option) (op : int -> int option): int option =
  match x with
  | None -> None
  | Some n -> op n

let (>>=) = bind
```

下面定义 upgrade 函数，把一个类型为 int -> int -> int option 的运算升级为类型为 int option -> int option -> int option 的运算。

```
let upgrade (op : int -> int -> int option)
            (x : int option) (y : int option) =
  x >>= fun n ->
  y >>= fun m ->
  op n m
```

最后三行的直观意思是：先从盒子 x 中取一个数值 n，再从盒子 y 中取一个数值 m，然后对 n 和 m 进行 op 运算，把结果作为返回值。

基于前面的准备工作，可以把整数四则运算升级到 int option 类型的数值上。

```
let return2 op n m =
  return (op n m)
let ( + ) = upgrade (return2 Stdlib.( + ))
let ( - ) = upgrade (return2 Stdlib.( - ))
let ( * ) = upgrade (return2 Stdlib.( * ))
```

注意，上面三个运算的定义都用到了 2.1 节介绍的函数部分作用。正常情况下函数 return2 需要三个参数，但是我们只提供了一个。

```
let div (x : int) (y : int) : int option =
  if y = 0 then None
  else return (Stdlib.( / ) x y )

let ( / ) = upgrade div
```

下面看两个类型为 int option 的表达式的求值。

```
# Some 1 + Some 2 * (Some 2 / Some 1);;
- : int option = Some 5

# Some 2 - Some 2 / Some 0 ;;
- : int option = None
```

如果忽略 return 和 bind 操作中的类型标注，可以得到对 Monad 签名的一个名为 Maybe 的实现模块。

```
module Maybe : Monad = struct
  type 'a t = 'a option

  let return n = Some n

  let (>>=) x op =
    match x with
    | None -> None
    | Some n -> op n
end
```

另外，需要满足下面三条 Monad 定律。
- 定律 1: return x >>= f 与 f x 行为等价；
- 定律 2: m >>= return 与 m 行为等价；
- 定律 3: (m >>= f) >>= g 与 m >>= (fun x -> f x >>= g) 行为等价。

这里的行为等价是指两个表达式求值的最终结果相同，否则两者都产生无限循环或者都报相同的错误。定律 1 说把绑定（bind）一个有副作用的值给一个函数等效于直接把那个值传给函数。定律 2 说把绑定一个有副作用的值给 return 不产生任何效果。定律 3 大致说绑定操作具有顺序复合性质。

练习 3.19 假设我们想记录函数的调用情况，每次调用除返回正常的函数输出值，还要记录一条消息。已知下面两个函数：

```
let double x = 2 * x

let log (name : string) (f : int -> int) : int -> int * string =
  fun x -> (f x, Printf.sprintf "Called %s on %i; " name x)
```

（1）实现一个 bind 操作，其类型为

```
int * string -> (int -> int * string)
            -> (int * string -> int * string)
```

（2）利用上面的 log 和 bind 两个函数实现另一个函数 loggable；如果把 (loggable "double" double) 作用两次到 (1, "") 上会产生输出 (4, "Called double on 1; Called double on 2;")。

（3）实现一个类型为 Monad 的模块。

第 4 章　部分习题参考答案

4.1　第 1 章练习题

练习 1.14

$$
\begin{aligned}
\textbf{pred}\,\bar{0} \;\;&\equiv\;\; (\lambda nfx.\,n(\lambda gh.h(gf))(\lambda u.x)(\lambda u.u))\bar{0} \\
&\rightarrow_\beta\;\; \lambda fx.\bar{0}(\lambda gh.h(gf))(\lambda u.x)(\lambda u.u) \\
&\rightarrow_\beta\;\; \lambda fx.\,(\lambda x.x)(\lambda u.x)(\lambda u.u) \\
&\rightarrow_\beta\;\; \lambda fx.\,(\lambda u.x)(\lambda u.u) \\
&\rightarrow_\beta\;\; \lambda fx.\,x \\
&\equiv\;\; \bar{0}
\end{aligned}
$$

先用数学归纳法证明:

$$
(\lambda gh.h(gf))^n(\lambda h.hx) \longrightarrow_\beta^* \lambda h.h(f^nx) \qquad \text{对所有 } n \geqslant 0 \text{ 都成立。} \tag{4.1.1}
$$

对于 $n=0$ 的情况，显然有上述性质。假设对于 $k \geqslant 0$ 该性质成立，下面考虑 $n = k+1$ 的情况。

$$
\begin{aligned}
(\lambda gh.h(gf))^{k+1}(\lambda h.hx) \;\;&\equiv\;\; (\lambda gh.h(gf))((\lambda gh.h(gf))^k(\lambda h.hx)) \\
&\rightarrow_\beta\;\; (\lambda gh.h(gf))(\lambda h.h(f^kx)) \qquad \text{据归纳假设} \\
&\rightarrow_\beta\;\; \lambda h.h((\lambda h.h(f^kx))f) \\
&\rightarrow_\beta\;\; \lambda h.h(f(f^kx)) \\
&\equiv\;\; \lambda h.h(f^{k+1}x)
\end{aligned}
$$

现在可以证明

$$
\begin{aligned}
\textbf{pred}\,\overline{n+1} \;\;&\equiv\;\; (\lambda nfx.\,n(\lambda gh.h(gf))(\lambda u.x)(\lambda u.u))\overline{n+1} \\
&\rightarrow_\beta\;\; \lambda fx.\overline{n+1}(\lambda gh.h(gf))(\lambda u.x)(\lambda u.u) \\
&\rightarrow_\beta\;\; \lambda fx.\,(\lambda x.(\lambda gh.h(gf))^{n+1}x)(\lambda u.x)(\lambda u.u) \\
&\rightarrow_\beta\;\; \lambda fx.\,(\lambda gh.h(gf))^{n+1}(\lambda u.x)(\lambda u.u) \\
&\equiv\;\; \lambda fx.\,(\lambda gh.h(gf))^n((\lambda gh.h(gf))(\lambda u.x))(\lambda u.u) \\
&\rightarrow_\beta\;\; \lambda fx.\,(\lambda gh.h(gf))^n(\lambda h.h((\lambda u.x)f))(\lambda u.u) \\
&\rightarrow_\beta\;\; \lambda fx.\,(\lambda gh.h(gf))^n(\lambda h.hx)(\lambda u.u) \\
&\rightarrow_\beta^*\;\; \lambda fx.(\lambda h.h(f^nx)(\lambda u.u)) \qquad \text{根据式 (4.1.1)} \\
&\rightarrow_\beta\;\; \lambda fx.(\lambda u.u)(f^nx) \\
&\rightarrow_\beta\;\; \lambda fx.f^nx \\
&\equiv\;\; \bar{n}
\end{aligned}
$$

练习 1.17

$$
\begin{aligned}
YF &\equiv && (\lambda f.\,((\lambda x.\,(f(xx)))(\lambda x.\,(f(xx)))))F \\
&\to_\beta && (\lambda x.\,(F(xx)))(\lambda x.\,(F(xx))) \\
&\to_\beta && F((\lambda x.\,(F(xx)))(\lambda x.\,(F(xx)))) \\
&\leftarrow_\beta && F((\lambda f.\,((\lambda x.\,(f(xx)))(\lambda x.\,(f(xx)))))F) \\
&\equiv && F(YF)
\end{aligned}
$$

练习 1.24　提示: 我们可以证明一个更强的性质, 即对任何类型上下文 Γ, 任何项 M、N 和类型 A、B, 如果 $\Gamma, x:A \vdash M:B$ 且 $\vdash N:A$, 那么 $\Gamma \vdash M[N/x]:B$ 成立。具体思路为考察项 M 各种可能的语法形式, 进行结构归纳证明。

练习 1.26　先定义布尔类型 **bool**, 以及三个项 T、F、**if_then_else**。

$$
\begin{aligned}
\textbf{bool} &\stackrel{\text{def}}{=} \forall \alpha.\alpha \to \alpha \to \alpha \\
T &\stackrel{\text{def}}{=} \Lambda\alpha.\lambda x^\alpha.\lambda y^\alpha.x \\
F &\stackrel{\text{def}}{=} \Lambda\alpha.\lambda x^\alpha.\lambda y^\alpha.y \\
\textbf{if\_then\_else} &\stackrel{\text{def}}{=} \Lambda\beta.\lambda z^{\textbf{bool}}.z\beta
\end{aligned}
$$

不难验证, 对任何类型 A, 都有如下推导

$$
\begin{aligned}
& \textbf{if\_then\_else}\,ATMN \\
\equiv\ & (\Lambda\beta.\lambda z^{\textbf{bool}}.z\beta)ATMN \\
\longrightarrow_\beta^2\ & TAMN \\
\longrightarrow_\beta\ & (\lambda x^A.\lambda y^A.x)MN \\
\longrightarrow_\beta^2\ & M
\end{aligned}
$$

同理, 可以验证 **if_then_else** $AFMN \longrightarrow_\beta^* N$。

4.2　第 2 章练习题

练习 2.6

```
Fixpoint div2021 (n : nat ) : bool :=
  match n with
  | 0 => true
  | S n' => if leb n 2020 then false
            else div2021 (n' - 2020)
  end.

Example div2021_test1: div2021 4042 = true.
Proof. reflexivity. Qed.
```

```
Example div2021_test2: div2021 2027 = false.
Proof. reflexivity. Qed.
```

练习 2.7

```
Fixpoint F (n : nat) : nat :=
  match n with
  | 0 => 0
  | S n' => match n' with
           | 0 => S 0
           | S n'' => F n' + F n''
           end
  end.
```

```
Example F_test: F 10 = 55.
Proof. reflexivity. Qed.
```

练习 2.8

```
Fixpoint count (n : nat) : nat :=
  match n with
  | 0 => 1
  | S n' => let x := count n' in
           let a4 := modulo n 10 in
           let a3 := modulo (n / 10) 10 in
           let a2 := modulo (n / 100) 10 in
           let a1 := modulo (n / 1000) 10 in
           if orb (modulo (a1 + a2 + a3 + a4) 10 =? 0)
               (modulo (a1 + a2 + a3 + a4) 10 =? 5 )
           then x + 1 else x
  end.
```

```
Example count_test1 : count 15 = 3.
Proof. reflexivity. Qed.
```

```
Example count_test2 : count 2005 = 401.
Proof. reflexivity. Qed.
```

练习 2.9 下面这个定义可以被 Coq 接受。

```
Fixpoint Ackermann (m n: nat) {struct m} : nat :=
  match m with
   | 0 => S n
```

```
        | S m' =>  let fix Ackermann' (n : nat) {struct n} : nat :=
                   match n with
                     | O => Ackermann m' 1
                     | S n' =>  Ackermann m' (Ackermann' n')
                   end
                 in Ackermann' n
  end.

Example testAck : Ackermann 2 10 = 23.
Proof. simpl. reflexivity. Qed.
```

练习 **2.16**

```
Definition swap (l : list nat) : list nat :=
  match l with
  | [] => []
  | h :: t => match rev t with
              | [] => [h]
              | h' :: t' => h' :: rev t' ++ [h]
              end
  end.
```

练习 **2.22**

```
Fixpoint sort (L : list nat) : list nat :=
  match L with
  | [] => []
  | h :: tl =>
        let fix insert (x : nat)(l : list nat) : list nat :=
          match l with
          | [] => [x]
          | a :: l' => if (leb x a) then x :: l
                       else a :: insert x l'
          end
        in insert h (sort tl)
  end.

Example test_sort : sort [2;4;1;6;9;6;4;1;3;5;10] =
                         [1;1;2;3;4;4;5;6;6;9;10].
Proof. reflexivity. Qed.
```

练习 **2.30**

```
Fixpoint insert_list (x : nat) (l : list (list nat))
```

```
                                           : list (list nat) :=
  match l with
  | [] => []
  | h :: tl => (x :: h) :: insert_list x tl
  end.

Fixpoint powerset (L : list nat) : list (list nat) :=
  match L with
  | [] => [[]]
  | h :: tl => let pl := powerset tl in
               pl ++ insert_list h pl
  end.

Example test_powerset1: powerset [1;2;3] = [[ ]; [3]; [2];
      [2; 3]; [1]; [1; 3]; [1; 2]; [1; 2; 3]].
Proof. reflexivity. Qed.

Example test_powerset2: powerset [1;2;3;4] = [[ ]; [4]; [3];
      [3; 4]; [2]; [2; 4]; [2; 3]; [2; 3; 4];
      [1]; [1; 4]; [1; 3]; [1; 3; 4];
      [1; 2]; [1; 2; 4]; [1; 2; 3];
      [1; 2; 3; 4]].
Proof. reflexivity. Qed.
```

练习 **2.31**

```
Inductive vect (A : Type) : nat -> Type :=
  | vnil : vect A 0
  | vcons : forall n, A -> vect A n -> vect A (S n).

Definition matrix (A : Type) (n m : nat) : Type :=
  vect (vect A n) m.

Example v1 := vcons bool 1 true (vcons bool 0 false (vnil bool)).

Example m1 := vcons (vect bool 2) 1 v1
          (vcons (vect bool 2) 0 v1 (vnil (vect bool 2))).
```

练习 **2.32**

```
Definition Matrix (X:Type)(m n:nat) := forall X, nat->nat->X.
Definition Mat_eq (X:Type)(m n:nat)(A B:Matrix X m n):Prop :=
  forall i j, i < m -> j < n -> A X i j = B X i j.
```

```
Lemma mat_eq_trans :
  forall (X : Type)(m n : nat)(A B C : Matrix X m n),
  Mat_eq _ _ _ A B -> Mat_eq _ _ _ B C -> Mat_eq _ _ _ A C.
Proof. intros X m n A B C HAB HBC i j Hi Hj.
  rewrite HAB; try assumption. apply HBC; try assumption.
Qed.
```

练习 2.38

```
Inductive subseq : list nat -> list nat -> Prop :=
  | sub1 l : subseq nil l
  | sub2 l1 l2 a (H : subseq l1 l2) : subseq l1 (a::l2)
  | sub3 l1 l2 a (H : subseq l1 l2) : subseq (a::l1)(a::l2).
```

练习 2.41

```
Theorem odd_mm : forall m n, oddn n -> oddn (m + m + n).
Proof. intros m n H. induction m as [| m' IHm'].
  - simpl. apply H.
  - rewrite <- plus_n_Sm. simpl. apply odd2. apply IHm'.
Qed.

Theorem odd_mul : forall n m, oddn n -> oddn m -> oddn (n * m).
Proof. intros n m Hn Hm. induction Hn.
  - rewrite PeanoNat.Nat.mul_1_l. apply Hm.
  - simpl. rewrite Plus.plus_assoc. apply odd_mm. apply IHHn.
Qed.
```

练习 2.43

```
Inductive sorted {X : Type}(R: X->X->Prop): list X -> Prop :=
  | sorted0 : sorted R []
  | sorted1 : forall x, sorted R [x]
  | sorted2 : forall x y l,
            R x y -> sorted R (y::l) -> sorted R (x::y::l).

Example sortedlist1 : sorted le [1;3;4;7;10;15;999].
Proof. repeat constructor. Qed.
```

练习 2.44

```
Inductive closure {X : Type}(R: X->X->Prop): X->X->Prop :=
```

```
| crefl : forall x, closure R x x
| cstep : forall x y, R x y -> closure R x y
| ctrans : forall x y z,
    closure R x y -> closure R y z -> closure R x z.


Example closrel : closure le 3 999 /\ closure le 17 17.
Proof. repeat constructor. Qed.
```

练习 2.46

```
CoInductive until {X:Type}(P Q :@Llist X->Prop): Llist->Prop :=
  | U0 : forall l, Q l -> until P Q l
  | U_tl : forall x l,
      P (Lcons x l) -> until P Q l -> until P Q (Lcons x l).


CoFixpoint omega1 (n:nat) : Llist := Lcons 1 (omega1 (S n)).


Fixpoint stutter (n:nat) : Llist :=
  match n with
  | 0 => omega1 0
  | S n' => Lcons 0 (stutter n')
  end.


Theorem until_example : forall n,
  until (now (eq 0)) (now (eq 1)) (stutter n).
Proof. intro n; induction n as [|n' IHn'].
  - constructor; rewrite (Llist_decomp_lemma nat (stutter 0));
    constructor; reflexivity.
  - rewrite (Llist_decomp_lemma nat (stutter (S n')));
    simpl; apply U_tl.
    + constructor; reflexivity.
    + assumption.
Qed.
```

练习 2.47

```
Definition bisimulation_lts {S:LTS}
  (R: (states S) -> (states S) -> Prop) :=
    let Q := states S in
    let A := actions S in
    let T := transitions S in
      forall p q : Q, R p q ->
```

```
        (forall (a : A) (p' : Q), T p a p' ->
          exists q' : Q, T q a q' /\ R p' q') /\
        (forall (a : A) (q' : Q), T q a q' ->
          exists p' : Q, T p a p' /\ R p' q').


Theorem park_principle_lts :
  forall (S : LTS)(R: (states S) -> (states S) -> Prop),
  bisimulation_lts R ->
  forall p q, R p q -> bisimilar_lts p q.
Proof. cofix H; intros S R B p q Rpq.
  apply B in Rpq; destruct Rpq as [Hp Hq].
  constructor; intros a p0 trans.
  - apply Hp in trans;
    destruct trans as [q' Ha]. destruct Ha as [Ha Hb];
    exists q'; split; try assumption; apply (H _ _ B _ _ Hb).
  - apply Hq in trans;
    destruct trans as [q' Ha]; destruct Ha as [Ha Hb];
    exists q'; split; try assumption; apply (H _ _ B _ _ Hb).
Qed.


Definition Rel (p q : states S) : Prop :=
  p = p1 /\ q = q1 \/
  p = p2 /\ q = q2 \/
  p = p2 /\ q = q3 \/
  p = p3 /\ q = p3.


Ltac split_and_const := split; [constructor| unfold Rel; auto].


Theorem bisim_lts_example' : @bisimilar_lts S p1 q1.
Proof. apply (park_principle_lts S Rel).
  - intros p q [[Hp Hq] | [[Hp Hq] | [[Hp Hq] | [Hp Hq]]]];
    rewrite Hp; rewrite Hq; split; intros a p' T; inversion T.
    exists q2; split_and_const.
    exists p2; split_and_const.
    exists p2; split_and_const.
    exists p3; split_and_const.
    exists p3; split_and_const.
    exists p3; split_and_const.
    exists p3; split_and_const.
  - unfold Rel; auto.
Qed.
```

4.3 第 3 章练习题

练习 3.2

```
type aexp =
  | Const of int
  | Plus of aexp * aexp    (* 加法 *)
  | Minus of aexp * aexp   (* 减法 *)
  | Times of aexp * aexp   (* 乘法 *)
  | Divide of aexp * aexp  (* 除法 *)

type bexp =
  | True
  | False
  | And of bexp * bexp     (* 与 *)
  | Or of bexp * bexp      (* 或 *)
  | Imply of bexp * bexp   (* 蕴含 *)
  | Not of bexp            (* 非 *)
  | Lt of aexp * aexp      (* 小于 *)
  | Gt of aexp * aexp      (* 大于 *)
  | Eq of aexp * aexp      (* 等于 *)

let rec eval_aexp = function
  | Const n -> n
  | Plus (e1, e2) -> eval_aexp e1 + eval_aexp e2
  | Minus (e1, e2) -> eval_aexp e1 - eval_aexp e2
  | Times (e1, e2) -> eval_aexp e1 * eval_aexp e2
  | Divide (e1, e2) -> eval_aexp e1 / eval_aexp e2

let rec eval_bexp = function
  | True -> true
  | False -> false
  | And (b1, b2) -> eval_bexp b1 && eval_bexp b2
  | Or (b1, b2) -> eval_bexp b1 || eval_bexp b2
  | Imply (b1, b2) -> (not (eval_bexp b1)) || eval_bexp b2
  | Not b -> not (eval_bexp b)
  | Lt (e1, e2) -> eval_aexp e1 < eval_aexp e2
  | Gt (e1, e2) -> eval_aexp e1 > eval_aexp e2
  | Eq (e1, e2) -> eval_aexp e1 = eval_aexp e2 ;;
```

可以测试下面这个布尔表达式的求值:

$$(5+7 < 6 \times 2) \wedge (10/2 > 3 - 1) \to \text{true}$$

```
# let p = Imply (
  And (
    Lt (
      Plus (Const 5, Const 7),
      Times (Const 6, Const 2)),
    Gt (
      Divide (Const 10, Const 2),
      Minus (Const 3, Const 1))),
  True)
  in eval_bexp p ;;
(* - : bool = true *)
```

练习 3.9

```
# let rec subset l1 l2 =
  match l1 with
  | [] -> true
  | h :: t -> let rec member l =
              match l with
              | [] -> false
              | h' :: t' -> h = h' || member t'
              in member l2 && subset t l2 ;;
```

练习 3.10

```
# let rec noredundancy l =
  match l with
  | [] -> []
  | h :: t -> let rec member l' =
              match l' with
              | [] -> false
              | h' :: t' -> h = h' || member t'
            in if member t then noredundancy t
               else h :: noredundancy t ;;
```

练习 3.11

```
# type 'a tree =
  | Empty
  | Leaf of 'a
  | Node of 'a * 'a tree * 'a tree ;;
```

练习 3.12

```
# let rec labels t =
   match t with
   | Empty -> []
   | Leaf x -> [x]
   | Node (x, l, r) -> labels l @ [x] @ labels r;;
```

练习 3.13

```
# let rec  replace x y t =
   match t with
   | Empty -> Empty
   | Leaf a ->  if x = a then Leaf y else Leaf a
   | Node (a,l,r) -> Node ((if x = a then y else a),
                          replace x y l, replace x y r);;
```

练习 3.14

```
# let rec replaceEmpty y t =
   match t with
   | Empty -> y
   | Leaf a -> Leaf a
   | Node (a,l,r) ->
           Node (a, replaceEmpty y l, replaceEmpty y r)
```

练习 3.15

```
# let rec mapTree f t =
   match t with
   | Empty -> f Empty
   | Leaf a -> f (Leaf a)
   | Node (a, l, r) -> f (Node (a, mapTree f l, mapTree f r));;
```

练习 3.16

```
# let sortTree t =
   let sortNode t' =
     match t' with
     | Empty -> Empty
     | Leaf a -> Leaf (sort a)
     | Node (a,l,r) -> Node (sort a, l, r)
```

```
in
  mapTree sortNode t ;;
```

练习 3.18

```
# module Q : Queue = struct
  type 'a qnode = {
    v : 'a;
    mutable next : 'a qnode option;
  }
  type 'a queue = {
  mutable head : 'a qnode option;
  mutable tail : 'a qnode option;
  }

  let create () : 'a queue =
    { head = None;
      tail = None }

  let is_empty (q: 'a queue) : bool =
    q.head = None

  let enq (x: 'a) (q: 'a queue) : unit =
    let newnode = {v=x; next=None} in
    begin match q.tail with
      | None ->
        q.head <- Some newnode;
        q.tail <- Some newnode
      | Some n ->
        n.next <- Some newnode;
        q.tail <- Some newnode
    end

  let deq (q: 'a queue) : 'a =
    begin match q.head with
      | None ->
        failwith "The queue is empty."
      | Some n ->
        q.head <- n.next;
        if n.next = None then q.tail <- None;
        n.v
    end
```

```
  let length (q: 'a queue) : int =
    let rec loop (n : 'a qnode option) (len : int) : int =
      begin match n with
        | None -> len
        | Some n' -> loop n'.next (1+len)
      end
    in loop q.head 0
end ;;
```

经过测试，这样定义的队列模块满足要求。

```
# let q = Q.create() in
  for i = 1 to 10 do
    Q.enq i q
  done ;
  let a = Q.deq q in
  (a, Q.length(q)) ;;
(* - : int * int = (1, 9) *)
```

练习 3.19

（1）

```
let bind (m : int * string) (f : int -> int * string)
         : int * string =
  let (x, s1) = m in
  let (y, s2) = f x in
  (y, s1 ^ s2)

let (>>=) = bind
```

（2）

```
let loggable (name : string) (f : int -> int)
            : int * string -> int * string =
  fun m ->
    m >>= fun x ->
    log name f x
```

经过测试，loggable 满足要求。

```
# let (>>) f g x = g (f x)

# ((loggable "double" double)
```

```
    >> (loggable "double" double)) (1, "");;
(* - : int * string
   = (4, "Called double on 1; Called double on 2;") *)
```

（3）

```
module Log : Monad = struct
  type 'a t = 'a * string

  let return x = (x, "")

  let (>>=) m f =
    let (x, s1) = m in
    let (y, s2) = f x in
    (y, s1 ^ s2)
end
```

参 考 文 献

[1] APPEL A W. Verified Functional Algorithms. Software Foundations (Volume 3) [EB/OL]. [2022-10-27]. https://softwarefoundations.cis.upenn.edu/vfa-current/index.html.

[2] BARENDREGT H P. The Lambda Calculus, Its Syntax and Semantics [M]. North Holland, 1985.

[3] BARENDREGT H P. Lambda Calculi with Types [C].// Handbook of Logic in Computer Science. Oxford University Press, 1992: 117-309.

[4] BERTOT Y, CASTÉRAN P. Interactive Theorem Proving and Program Development - Coq'Art: The Calculus of Inductive Constructions [M]. Springer, 2004.

[5] 陈钢，张静. OCaml 语言编程基础教程 [M]. 北京: 人民邮电出版社, 2018.

[6] CLARKSON M R, CONSTABLE R L, FOSTER N, et al. Functional Programming in OCaml [EB/OL]. [2022-10-27]. https://www.cs.cornell.edu/courses/cs3110/2019sp/textbook/.

[7] COQUAND T, HUET G. The Calculus of Constructions [J]. Information and Computation, 1988, 76: 95-120.

[8] GIRARD J, LAFONT Y, TAYLOR P. Proofs and Types [M]. Cambridge University Press, 1989.

[9] KLEENE S C. Origins of recursive function theory [J]. Annals of the History of Computing, 1981, 3(1):52–67.

[10] MINSKY Y, MADHAVAPEDDY A, HICKEY J. Real World OCaml: Functional Programming for the Masses [M]. O'Reilly Media, 2013.

[11] MOGGI E. Computational Lambda-Calculus and Monads [C].// Proceedings of the 4th Annual Symposium on Logic in Computer Science. IEEE Computer Society, 1989: 14-23.

[12] PAULIN-MOHRING C. Introduction to the Calculus of Inductive Constructions [C].// All about Proofs, Proofs for All. College Publications, 2015, 55.

[13] PIERCE B C, AMORIM A A, CASINGHINO C, et al. Logical Foundations. Software Foundations (Volume 1) [EB/OL]. [2022-10-27]. https://softwarefoundations.cis.upenn.edu/lf-current/index.html.

[14] SELINGER P. Lecture Notes on the Lambda Calculus [M]. Lulu.com, 2018.

[15] WADLER P. Propositions as types [J]. Communications of the ACM, 2015, 58 (12): 75-84.

[16] WINSKEL G. The Formal Semantics of Programming Languages: an Introduction [M]. The MIT Press, 1993.

索 引